现代水泥基复合材料智能化设计及应用

龙武剑 等 著

科学出版社

北京

内 容 简 介

本书以土木工程智能化转型为背景,系统阐述了人工智能技术在水泥基复合材料科学中的前沿应用,全面剖析了人工智能在材料性能预测、多目标优化设计等关键环节的创新方法与实践案例。针对传统水泥基复合材料设计方法依赖经验公式、试配烦琐等瓶颈问题,深入分析了机器学习模型(如支持向量机、随机森林、神经网络等)在材料性能预测中的优势与挑战,重点探讨了机器学习与物理理论融合驱动的材料设计新范式,并详细介绍了遗传算法、粒子群优化等智能优化算法在配合比设计中的成功应用。

本书兼具理论深度与实践价值,为建材行业智能化转型提供了方法论指导,适合材料科学、土木工程、智能建造等领域的研究人员及工程技术人员参考,也可作为高等院校相关专业的研究生教材。

图书在版编目(CIP)数据

现代水泥基复合材料智能化设计及应用 / 龙武剑等著. -- 北京:科学出版社, 2025.6. -- ISBN 978-7-03-082519-3

Ⅰ. TB333.2

中国国家版本馆 CIP 数据核字第 20253L8A91 号

责任编辑:郭勇斌 邓新平 覃 理 / 责任校对:高辰雷
责任印制:徐晓晨 / 封面设计:义和文创

科学出版社 出版
北京东黄城根北街 16 号
邮政编码:100717
http://www.sciencep.com

北京厚诚则铭印刷科技有限公司印刷
科学出版社发行 各地新华书店经销
*
2025 年 6 月第 一 版 开本:720 × 1000 1/16
2025 年 6 月第一次印刷 印张:14 1/2
字数:281 000

定价:158.00 元

本书作者名单

龙武剑　　罗启灵　　程博远

耿松源　　冯甘霖　　舒雨清

作者简介

龙武剑，1977 年生，云南昆明人，博士，教授、博士生导师，国家"万人计划"科技创新领军人才，"广东省特支计划"科技创新领军人才，广东省"南粤优秀教师"，深圳市"鹏城学者"；连续入选全球前 2%顶尖科学家"科学影响力排行榜"。

作为第一完成人获得含广东省科技进步一等奖、天津市科技进步一等奖、深圳市科技进步一等奖等在内的省级、全国一级学会科技奖励 9 项，以及中国发明协会"发明创业奖·人物奖"等。

主要学术兼职有中国建材联合会学部委员（首批）、中国公路建设行业协会第四届专家委员会委员、中国硅酸盐学会房屋建筑材料分会理事、中国硅酸盐学会测试技术分会流变测试技术委员会副主任委员、《材料导报》编委、"普通高等教育土木工程专业新形态教材"丛书编委会副主任等。

主持含国家自然科学基金重点项目在内的国家级、部级、省级、市级纵向科研项目 30 余；重大横向项目 20 余项；发表高水平学术论文 160 余篇，其中中科院 1 区 Top 期刊论文 100 篇；以第一作者出版学术专著 5 本；以第一主编出版智能化教材 8 本；授权专利 50 余项，软件著作权 26 项；主参编国家、地方及行业标准 15 部。

研究成果在深中通道、黄茅海跨海通道高栏港大桥、阳江港特大桥，以及深圳地铁、深圳宝安国际机场、深圳国际会展中心等粤港澳大湾区大型基础设施建设中成功应用，经济效益、社会效益显著，2022 年获中国建筑业协会行业年度十大技术创新。

前　言

　　当前，全球正经历以绿色化、智能化为核心的新一轮科技革命与产业变革。我国作为全球最大的基础设施建设国，水泥基复合材料的年消耗量已超过全球总量的 50%，其生产与应用直接关系到国家"双碳"目标的实现与新型基础设施建设的质量。随着交通强国、海洋强国、"双碳"行动等国家战略的深入推进，重大基建工程对水泥基复合材料的性能要求日益严苛——不仅需满足大流动度、超高强度、高耐久性等传统指标，还需兼顾低碳排放、资源循环、智能感知等新兴功能的需求。然而，传统水泥基复合材料设计方法严重依赖经验公式与试错法，存在效率低、成本高、难以应对多目标协同优化等问题，且难以全面考虑材料-结构-环境的多维度耦合效应。与此同时，建材行业作为碳排放"大户"，其绿色化转型亟须突破原材料替代、工艺革新、性能精准调控等技术难题。

　　在此背景下，人工智能技术的迅猛发展为材料科学提供了全新范式。机器学习、智能优化算法等技术与材料基因工程、多尺度模拟等理论深度融合，正推动水泥基复合材料从"经验驱动"向"数据 + 物理驱动"的智能化设计范式转变，AI 赋能的材料设计已成为解决可持续发展与性能提升矛盾的关键路径。近年来，各地方政府相继出台政策，明确提出，需加快"人工智能 + 建材"的跨界融合，推动材料设计、生产、运维的全链条智能化升级。2024 年工业和信息化部等联合印发《新材料大数据中心总体建设方案》，由北京牵头建设主平台，整合材料基因工程数据资源，支撑智能化研发。因此，系统探索人工智能技术在水泥基复合材料中的创新应用，不仅是学术前沿的重大课题，更是支撑国家基础设施绿色智能化建造的迫切需求。

　　本书立足于材料科学与人工智能的交叉领域，旨在构建一套覆盖"性能预测—多目标优化—工程应用"的智能化设计方法论体系。首先第 1 章介绍了人工智能技术在土木工程领域的应用现状，重点阐述了机器学习在水泥基复合材料性能预测与优化设计中的研究进展，分析了传统设计方法的局限性，提出了物理信息引导机器学习的新范式，为构建新型智能设计理论奠定基础。第 2 章构建了基于知识图谱的水泥基复合材料多源高通量数据库架构。第 3 章介绍了水泥基复合材料智能化图像分析技术及微观结构表征技术。第 4 章介绍了水泥基复合材料宏观性能智能化预测模型构建技术，通过系统探讨支持向量机、人工神经网络、随机森林等机器学习模型在水泥基材料抗压强度、弹性模量等关键性能预测中的适应性，建立了基于特征工程的机器学习模型优选准则。第 5、6 章突破传统数据驱动范式，提出了机理级联学习、学习嵌入机理和机理融进学习三大物理信息机器学习融合创新路径。构建了具有物理可解释性的智能模型，成功应用于低碳高性能水泥基复合材料性能预测及多目标优化智能化设计。第 7 章以物理信息引导的 3D 打印水泥基复合材料智能化设计方法及应用为案例，建立了流变性能—打印参数双目标优化模型和四目标配合比智能设计系统，以帮助读者更好地理解和应用智能化设计方法。

　　本书主要由龙武剑策划和组织撰写。具体分工如下：龙武剑参与了第 1、2 章的撰写，耿松源、舒雨清参与了第 3 章的撰写，程博远参与了第 4 章的撰写，程博远、耿松源参与了第 5、6 章的撰写，耿松源参与了第 7 章的撰写；最后由龙武剑、罗启灵、冯甘霖负责修改、补充并定稿。

　　此外，本书的研究工作如果没有邢锋院士的直接指导，很难按照既定路径和时间完成。还要感谢美国密苏里科技大学 Khayat Kamal 教授以及深圳大学董必钦教授对本书技术工作的支持。感谢深圳大学土木与交通工程学院、广东省滨海土木工程耐久性重点实验室以及深圳市低碳建筑材料与技术重点实验室全体科研人员对本书相关工作的大力支持。

　　感谢各类科研计划的支持。本书涉及的研究工作获得国家自然科学基金联合基金重点项目（U2006223），深圳市基础研究专项（自然科学基金）基础研究面上项目（JCYJ20240813143004006、JCYJ20230808105109018），以及深圳市低碳建筑材料与技术重点实验室（ZDSYS20220606100406016）等科研项目及资金的资助。

　　本书的撰写参考了许多专家、学者的专著、论文和其他文献，在此表示诚挚的谢意。限于作者的理论水平和实践经验，书中难免存在不足和疏漏之处，恳请广大读者和专家批评指正。

龙武剑

深圳大学土木与交通工程学院

2025 年 4 月

缩 略 表

ACO，ant colony optimization，蚁群优化

AEA，air entraining agent，引气剂

AI，artificial intelligence，人工智能

ANN，artificial neural network，人工神经网络

BSE，backscatter electron，背散射电子

BSE-SEM，backscatter electron-scanning electron microscope，背散射电子-扫描电镜

BSEI，backscatter electron image，背散射电子像

BSEIA，backscatter electron image analysis，背散射图像分析法

BSEIA-ML，backscatter electron image analysis-machine learning，背散射图像分析-机器学习法

C，regularization parameter，正则化参数

CNN，convolutional neural network，卷积神经网络

CS，compressive strength，抗压强度

DBO，dung beetle optimizer，蜣螂优化

DE，differential evolution，差分进化

DT，decision tree，决策树

ES，extrusion speed，挤压速度

ESA，early strength agent，早强剂

FA，fly ash，粉煤灰

GA，genetic algorithm，遗传算法

GBM，gradient boosting machines，梯度提升机

GGBFS，ground granulated blast furnace slag，粒化高炉矿渣粉

H_e，height error，层高误差

HOG，histogram of oriented gradient，方向梯度直方图

HPC，high performance concrete，高性能混凝土

IBS，interlayer bonding strength，层间黏结强度

KNN，k-nearest neighbor classification，k 近邻算法

LBP，local binary pattern，局部二值模式

LCA，life cycle assessment，生命周期评价

LSSVM，least squares support vector machine，最小二乘支持向量机

LSTM，long short-term memory，长短期记忆网络

MAE，mean absolute error，平均绝对误差

MAPE，mean absolute percentage error，平均绝对百分比误差

MAXSS，maximum sand particle size，砂最大粒径

ML，machine learning，机器学习

MOO，multi-objective optimization，多目标优化

MSE，mean square error，均方误差

NBM，naive Bayes model，朴素贝叶斯模型

ND，nozzle diameter，喷嘴直径

NER，named entity recognition，命名实体识别

NSGA-Ⅱ，non-dominated sorting genetic algorithm-Ⅱ，二代非支配排序遗传算法

OPC，ordinary portland cement，普通硅酸盐水泥

PDP，partial dependence plot，部分依赖图

PICNN，physics-informed convolutional neural network，物理信息卷积神经网络

PIE，physical information equation，物理信息方程

PILSTM，physics-informed long short-term memory，物理信息长短期记忆网络

PIML，physics-informed machine learning，物理信息机器学习

PINN，physics-informed neural network，物理信息神经网络

PIRNN，physics-informed recurrent neural network，物理信息递归神经网络

PN，print nozzle，打印喷嘴

PS，printing speed，印刷速度

PSO，particle swarm optimization，粒子群优化

PV，plastic viscosity，塑性黏度

R，correlation coefficient，相关系数

R^2，coefficient of determination，决定系数

RBF，radial basis function，径向基函数

RCP，rapid chloride permeability，快速氯离子渗透率

RF，random forest，随机森林

RFECV，recursive feature elimination with cross-validation，交叉验证递归特征消除

RMSE，root mean square error，均方根误差

RNN，recurrent neural network，递归神经网络

ROI，region of interest，感兴趣区

SAC，sulphoaluminate cement，硫铝酸盐水泥

SCMs，supplementary cementitious materials，水泥辅助性胶凝材料

SEM，scanning electron microscope，扫描电镜

SF，silica fume，硅灰

SHAP，Shapley additive explanations，Shapley 加法解释

SIFT，scale-invariant feature transform，尺度不变特征转换

SP，superplasticizer，高效减水剂

SP/B，superplasticizer-to-binder ratio，高效减水剂与胶凝材料比值

SVR，support vector regression，支持向量回归

SVM，support vector machine，支持向量机

TA，thixotropic agent，触变剂

TOPSIS，technique for order preference by similarity to an ideal solution，优劣解距离法

TWS，trainable weka segmentation，可训练式分割器

UHC，unhydrated cement，未水化水泥

W/B，water-to-binder ratio，水胶比

W_e，width error，层宽误差

YS，yield stress，屈服应力

目　　录

第1章 绪 论

1.1 人工智能技术及其在土木工程领域的应用

人工智能（artificial intelligence，AI）技术的飞速发展，正在为科技和产业的革新注入源源不断的动力[1]。AI 的核心优势在于其能够模拟和扩展人类的智能行为，涵盖感知、推理、学习、规划和交流等多个维度。作为 AI 的一个关键分支，机器学习（machine learning，ML）模型通过挖掘数据间复杂的映射关系并预测事件，已经在材料科学、地球科学、量子化学等多个学科领域展现出广泛的应用潜力。

在土木工程领域，AI 技术的引入标志着一场技术革命的开始。AI 在土木工程领域中涉及学科广泛，包括建筑、桥梁、道路、水利等基础设施的规划[2]、设计[3]、建造[4]、运维[5]和防灾[6]（图 1.1）。AI 技术的应用正在逐步从理论走向实践，为土木工程的各个环节带来革命性的变化。通过分析大量的工程数据，AI 技术能够提供更加精确的决策支持，优化工程设计，提高施工效率，降低维护成本，实现土木工程项目的全生命周期管理。

图 1.1 人工智能在现代土木工程中的应用[2-6]

在工程规划阶段，AI 技术的应用已经开始改变传统的规划方法。规划者可以利用 AI 技术进行土地利用评价、交通流量预测和环境影响评估等复杂决策。通过集成地理信息系统、遥感技术和多准则决策分析等技术，AI 能够处理和分析大量的空间数据，为规划者提供科学依据。例如，ML 模型可以分析历史数据，预测城市扩张趋势，为土地利用规划提供支持。城市智能模拟平台能够模拟城市交通流量、人口分布和基础设施需求，为城市规划提供直观的决策支持。此外，AI 技术还能自动检查规划方案是否符合相关法规和标准，提高审批效率。通过自然语言处理技术，AI 可以解析规划文档中的关键词和概念，并与现有的法规数据库进行匹配，快速识别出潜在的违规问题。

在工程设计环节，AI 技术正成为工程师的智能助手。AI 技术通过学习历史设计案例，为工程师提供设计建议和优化方案。其中深度学习算法能够分析不同设计方案的性能表现，提供最优的材料选择和结构布局。AI 技术还能模拟工程结构在各种环境条件下的性能表现，预测桥梁在风载、地震等作用下的响应，帮助工程师进行结构优化设计。同时，AI 技术能够自动验证设计是否满足各种规范和标准的要求，将设计参数与规范要求进行匹配，快速识别出设计中的不符合项。

在工程建造阶段，AI 技术的应用正在提高施工效率和质量。AI 技术能够分析历史施工数据，为施工计划提供优化建议，预测施工过程中的关键路径和潜在瓶颈，帮助项目经理制定合理的施工进度计划，并且搭配使用计算机视觉技术还能够实时监控施工过程，自动识别出违规操作和安全隐患。此外，AI 技术还能够自动检测施工质量，通过 ML 模型分析混凝土浇筑过程中的数据，预测混凝土的强度和耐久性，及时调整施工工艺。

在工程运维方面，AI 技术的应用有助于确保工程结构的长期安全运行。AI 技术能够实时监测工程结构的健康状况，通过 ML 模型分析结构的振动数据，识别出结构的损伤模式和程度。深度学习模型能够预测结构的维护需求和优先级，为维护资源的分配提供决策支持。AI 技术还能辅助或替代人工进行维护作业，通过机器人技术进行桥梁的检测和维修工作，减少人工作业的风险和成本。

在工程防灾领域，AI 技术的应用可以提高土木工程结构对自然灾害的抵抗能力。AI 技术可以通过分析历史灾害数据和气候模型，预测自然灾害发生的可能性和影响范围，为工程规划和设计提供科学依据。此外，AI 技术还能够通过实时监测和分析环境数据，提前预警可能的灾害事件，为灾害应急管理和响应提供支持。

尽管 AI 技术在土木工程领域的应用前景广阔，但也面临着一些挑战。AI 技术的应用需要大量的高质量数据作为支撑，而在土木工程领域，数据的收集和整理往往面临成本高、周期长、精度低等问题。此外，AI 模型往往需要针对特定的工程案例进行训练和优化，其泛化能力有限。如何提高 AI 模型的泛化能力，使其能够适应不同的工程环境和条件，是一个亟待解决的问题。AI 技术需要与现有的土木工程技术进行集成，才能发挥其最大的效益，但不同技术之间的集成往往面临着标准不统一、接口不匹配等问题。随着 AI 技术的不断发展和完善，其在土木工程领域的应用将更加广泛和深入。AI 技术将与土木工程的各个环节深度融合，推动土木工程向智能化、自动化、精细化的方向发展。同时，AI 技术也将为土木工程领域带来新的研究方法和工具，促进土木工程学科的创新和发展。未来，AI 技术有望为土木工程领域带来革命性的变化，推动行业的转型升级，为社会的可持续发展做出更大的贡献。随着这些挑战的逐步克服，AI 技术在土木工程中的应用将更加成熟，为工程实践提供更加强大、灵活和高效的支持，开启土木工程智能化的新篇章。

1.2　基于机器学习模型的水泥基复合材料性能预测与材料设计

目前水泥基复合材料的设计主要依赖规范和经验公式，通过试配实验不断调整优化，以获得同时满足降低碳排放和目标性能需求的水泥基复合材料。这种设计方法计算复杂、工作烦琐，且原材料消耗较大[7]。基于经验模型的显式数学回归方法难以建立高度复杂的非线性映射关系，因此基于经验模型回归的传统配合比设计方法在量化表征水泥基复合材料性能与材料组分映射关系方面面临诸多挑战[8-10]。随着计算机技术的发展，相关科学研究从实验范式、理论范式、计算范式、数据驱动范式，迎来 AI for Science（AI4S）的第五范式（图 1.2）[11, 12]。近年来，采用 ML 模型进行水泥基复合材料各项性能预测和材料表征，并以性能为导向进行材料优化设计的方法展现出广阔前景[13]（图 1.3）。

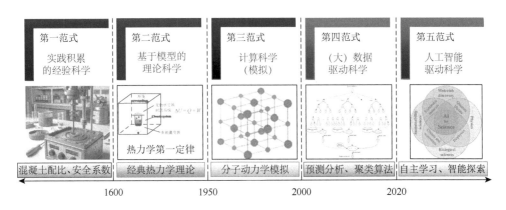

图 1.2　材料科学发展的五个范式[10, 11]

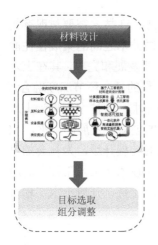
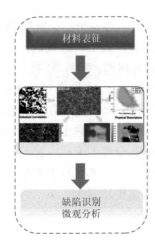
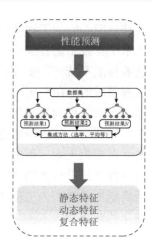

图 1.3　AI 在水泥基复合材料科学中的主要应用领域[14-16]

在过去的几年里，ML 模型在水泥基复合材料性能预测的应用上取得了显著的进展。这些技术通过分析大量的数据集，能够揭示材料成分与性能之间的复杂关联。近年来，多种 ML 模型已被应用于预测水泥基复合材料的抗压强度、弹性模量、渗透性等关键性能参数。常见的 ML 模型包括支持向量机（support vector machine，SVM）、人工神经网络（artificial neural network，ANN）、决策树（decision tree，DT）、随机森林（random forest，RF）和梯度提升机（gradient boosting machines，GBM）。这些模型可以处理非线性关系并预测复杂的水泥基复合材料性能。例如，2001 年，Nehdi 等[17]采用 ANN 的方法将水泥基复合材料原材料的配合比映射到其相关性能，实现了对水泥基复合材料各项性能的准确预测。此外，Azimi-Pour 等[18]利用 SVM 模型预测水泥基复合材料的抗压强度，验证了 SVM 在处理小数据集时的高效性和准确性。Wu 等[19]使用 RF 模型预测了水泥基复合材料的抗冻性能，其研究显示 RF 模型在处理多特征和大数据集时显示出较高的准确度和稳定性。Alabdullah 等[20]通过 GBM 模型精确预测了偏高岭土基高强水泥基复合材料的抗氯离子快速渗透性能，该模型提供了一种快速且直观的预测方法来理解各影响因素对性能的贡献。

在现代工程结构的设计和建造中，水泥基复合材料的优化设计是提升结构性能和降低成本的关键。近年来，ML 模型和优化算法的结合为水泥基复合材料设计领域带来了革命性的进展，使设计过程更加高效和科学。研究者们已经开始将 ML 模型与各种优化算法结合，以寻找最优水泥基复合材料配合比。这些算法主要包括遗传算法（genetic algorithm，GA）、粒子群优化（particle swarm optimization，PSO）算法、蚁群优化（ant colony optimization，ACO）算法和其他启发式算法，这些算法能有效地搜索复杂的解空间，以确定最佳的材料比例和配合比。例如，

Wang[21]应用 GA 优化引气粉煤灰掺合料混凝土配合比，目标是最小化混凝土成本的同时，确保其碳化和抗冻耐久性满足特定要求。结果表明，研究所提出的方法能够在考虑成本和耐久性的同时精准设计引气粉煤灰掺合料混凝土配合比。Ji 等[22]利用 PSO 算法与 ML 模型结合，预测并优化土工聚合物混凝土的抗压强度和坍落扩展度，研究显示，模型所提出的优化混合设计方法可有效生成抗压强度分别为 20 MPa、40 MPa 和 60 MPa 的土工聚合物混凝土，同时满足坍落扩展度要求。Shamsabadi 等[23]开发了一个多重共线性感知多目标优化框架，以最大限度地减少绿色混凝土的碳排放和生产成本，同时将抗压强度保持在设计范围内，该方法设计的绿色混凝土可将生产成本和环境影响降低 200%。Chen 等[24]基于 RF 算法、最小二乘支持向量机（least squares support vector machine，LSSVM）算法和带精英策略的二代非支配排序遗传算法（non-dominated sorting genetic algorithm-Ⅱ，NSGA-Ⅱ）开发了一种混合智能框架，以实现混凝土拌合物的高效优化。LSSVM-NSGA-Ⅱ算法可以在设计时同时考虑混凝土的耐久性和成本，与传统设计方法相比，通过其设计的混凝土的抗渗性和抗冻性分别提高了 30.71% 和 3.17%，同时成本降低了 1.84%。

利用 ML 模型进行水泥基复合材料的预测和设计，可高效构建水泥基复合材料性能参数与各组分成分的关系模型，减少水泥基复合材料配合比计算工作量和试验试配次数，有助于推动建材行业的智能化转型。目前，ML 模型在水泥基复合材料技术中的应用处于快速发展阶段，基于 ML 模型的水泥基复合材料设计仍面临诸多挑战，主要体现在训练数据量不足、处理高维数据难度大，以及缺乏可解释性等问题，这些问题导致 ML 模型的泛化能力仍不足。此外，水泥基复合材料的配合比设计除了追求优越的性能外，还需实现低成本、低碳排放等目标，然而，这些经济、环境目标与提高工作、力学以及耐久性能等在一定程度上相冲突。因此，有必要在模型层面引入物理理论的约束，指导 ML 模型进行预测与优化，以提高模型泛化能力和可解释性，并建立基于 ML 模型的智能化多目标优化框架，研究水泥基复合材料在性能（工作、力学、耐久）、碳足迹和经济成本等多目标之间的最优解。

1.3　物理信息引导的机器学习模型

为了实现在模型层面引入物理理论的约束，指导 ML 模型进行预测与优化，研究人员探索了各种物理模型-ML 模型的融合方式。融合方式具体取决于处理的信息类型以及信息的组合方式。Karpatne 等[25]首先正式概念化了理论引导的数据科学范式。Karniadakis 等[26]回顾了地球科学领域中将物理模型嵌入 ML 模型的一些流行趋势，介绍了当前的一些功能和局限性。沈焕锋等[27]将物理模型与 ML 模型的融合分为三个基本范式：机理级联学习、学习嵌入机理、机理融进学习。所述"机理"指的是某个过程或现象背后的系统或方法，这些系统或方法解释了事物如何运作或发生变化。

（1）机理级联学习。这种耦合方式涉及将物理模型和 ML 模型按顺序级联，其中一种模型的输出直接作为另一种模型的输入。物理模型可以提供有用的前期处理或初始化数据，而 ML 模型则用于进一步分析或优化。例如，在某些环境模拟中，可能首先使用物理模型来估计某些初始条件，然后将这些数据输入到 ML 模型中，以预测未来的环境变化。

（2）学习嵌入机理。在这种耦合框架中，ML 模型被嵌入到物理模型中，用于替代或优化物理模型中某些不确定或复杂的子过程。这种方法通常用于增强物理模型的性能，通过 ML 模型处理那些难以用传统物理方程精确描述的过程。例如，可以使用神经网络来模拟大气模型中复杂的化学过程，这些过程可能因其高度非线性或反应速率的复杂性而难以直接建模。

（3）机理融进学习。这种方法将物理知识直接融入 ML 模型中，形成一个以 ML 模型为核心的框架，但在模型的训练和预测过程中积极利用物理法则作为额外的指导或约束。这可以确保 ML 模型不仅能学习数据中的模式，还能尊重基本的物理原则，从而提高模型的泛化能力和可靠性。例如，在流体动力学模拟中，可以将守恒定律（如能量守恒和质量守恒）作为约束条件，加入到深度学习模型中，以确保模拟结果的物理可行性。

现阶段，物理模型与 ML 模型在地球科学、量子化学、材料科学、分子模拟、土木工程防灾减灾等研究领域已经展现出融合的思想和成功案例。在地球科学领域，Sawada[28]通过采用高斯过程回归模型对陆面过程模型进行参数调优，有效地提升了模型模拟的准确性。在量子化学领域，Pfau 等[29]利用物理学知识学习的原理提出了费米子神经网络算法，用于计算多电子薛定谔方程的解。在材料科学领域，Lu 等[30]基于物理模型优化了物理信息神经网络（physics-informed neural network，PINN），用于识别并精确表征金属板的表面裂纹。在分子模拟领域，Behler 等[31]提出了一种神经网络架构来表示分子动力学模拟的势能面，其中分子系统的平移、旋转和排列对称性通过适当的预处理得以保留。在土木工程防灾减灾领域，纪军等[32]基于 ML 模型高维非线性函数逼近能力的科学原理，融合土木工程物理定理、规律与控制方程，开创了 AI 与土木工程防灾减灾融合的研究范式和理论体系。同时，Wan 等[33]提出了一种结合有限元法和 PINN 的方法来描述混凝土中氯离子的传输行为。

水泥基复合材料的影响因素众多且关系复杂，需要将物理理论与 ML 模型进行融合，更好地平衡理论与实践之间的逻辑关联，提高预测模型的准确性和适用性。这种融合方法有望为水泥基复合材料领域的研究提供更为深入和全面的认识，推动该领域的进一步发展。因此，深入探讨物理理论-机器学习混合驱动模型的具体机制，寻找最佳的融合方式，有助于更全面地实现水泥基复合材料智能化的设计及性能预测，并为相关领域的发展提供创新的方法和理论支持。

参 考 文 献

[1] Merchant A，Batzner S，Schoenholz S S，et al. Scaling deep learning for materials discovery[J]. Nature，2023，624（7990）：80-85.

[2] 吴志强. 人工智能辅助城市规划[J]. 时代建筑，2018（1）：6-11.

[3] Cheng B，Mei L，Long W J，et al. Data driven multi-objective design for low-carbon self-compacting concrete considering durability[J]. Journal of Cleaner Production，2024，450：141947.

[4] Wu H Y，Liu Y Q，Chang R D，et al. Research status quo and trends of construction robotics：A bibliometric analysis[J]. Journal of Computing in Civil Engineering，2024，38（1）：1-15.

[5] Mei L，Li H G，Zhou Y L，et al. Substructural damage detection in shear structures via ARMAX model and optimal subpattern assignment distance[J]. Engineering Structures，2019，191：625-639.

[6] Xiong C，Li Q S，Lu X Z. Automated regional seismic damage assessment of buildings using an unmanned aerial vehicle and a convolutional neural network[J]. Automation In Construction，2020，109：102994.

[7] Fan D Q，Yu R，Fu S Y，et al. Precise design and characteristics prediction of Ultra-High Performance Concrete（UHPC）based on artificial intelligence techniques[J]. Cement and Concrete Composites，2021，122：104171.

[8] Asteris P G，Skentou A D，Bardhan A，et al. Predicting concrete compressive strength using hybrid ensembling of surrogate machine learning models[J]. Cement and Concrete Research，2021，145：106449.

[9] Zhang J F，Huang Y M，Ma G W，et al. Automating the mixture design of lightweight foamed concrete using multi-objective firefly algorithm and support vector regression[J]. Cement and Concrete Composites，2021，121：104103.

[10] Gomaa E，Han T H，Elgawady M，et al. Machine learning to predict properties of fresh and hardened alkali-activated concrete[J]. Cement and Concrete Composites，2021，115：103863.

[11] Agrawal A，Choudhary A. Perspective：Materials informatics and big data：Realization of the "fourth paradigm" of science in materials science[J]. APL Materials，2016，4（5）：053208.

[12] Tolle K M，Tansley D S W，Hey A J G. The fourth paradigm：Data-intensive scientific discovery [point of view][J]. Proceedings of the IEEE，2011，99（8）：1334-1337.

[13] Young B A，Hall A，Pilon L，et al. Can the compressive strength of concrete be estimated from knowledge of the mixture proportions？：New insights from statistical analysis and machine learning methods[J]. Cement and Concrete Research，2019，115：379-388.

[14] Sanchez-Lengeling B，Aspuru-Guzik A. Inverse molecular design using machine learning：Generative models for matter engineering[J]. Science，2018，361（6400）：360-365.

[15] Lin J L，Liu Y M，Sui H，et al. Microstructure of graphene oxide-silica-reinforced OPC composites：Image-based characterization and nano-identification through deep learning[J]. Cement and Concrete Research，2022，154：106737.

[16] 樊健生，王琛，宋凌寒. 土木工程智能计算分析研究进展与应用[J]. 建筑结构学报，2022，43（9）：1-22.

[17] Nehdi M，El Chabib H，El Naggar M H. Predicting performance of self-compacting concrete mixtures using artificial neural networks[J]. Materials Journal，2001，98（5）：394-401.

[18] Azimi-Pour M，Eskandari-Naddaf H，Pakzad A. Linear and non-linear SVM prediction for fresh properties and compressive strength of high volume fly ash self-compacting concrete[J]. Construction and Building Materials，2020，230：117021.

[19] Wu X G，Zheng S Y，Feng Z B，et al. Prediction of the frost resistance of high-performance concrete based on RF-REF：A hybrid prediction approach[J]. Construction and Building Materials，2022，333：127132.

[20] Alabdullah A A，Iqbal M，Zahid M，et al. Prediction of rapid chloride penetration resistance of metakaolin based high strength concrete using light GBM and XGBoost models by incorporating SHAP analysis[J]. Construction and Building Materials，2022，345：128296.

[21] Wang X Y. Design of low-cost and low-CO_2 air-entrained fly ash-blended concrete considering carbonation and frost durability[J]. Journal of Cleaner Production，2020，272：122675.

[22] Ji H D，Lyu Y H，Ying W C，et al. Machine learning guided iterative mix design of geopolymer concrete[J]. Journal of Building Engineering，2024，91：109710.

[23] Shamsabadi E A，Salehpour M，Zandifaez P，et al. Data-driven multicollinearity-aware multi-objective optimisation of green concrete mixes[J]. Journal of Cleaner Production，2023，390：136103.

[24] Chen H Y，Deng T T，Du T，et al. An RF and LSSVM－NSGA-II method for the multi-objective optimization of high-performance concrete durability[J]. Cement and Concrete Composites，2022，129：104446.

[25] Karpatne A，Atluri G，Faghmous J H，et al. Theory-guided data science：A new paradigm for scientific discovery from data[J]. IEEE Transactions on knowledge and data engineering，2017，29（10）：2318-2331.

[26] Karniadakis G E，Kevrekidis I G，Lu L，et al. Physics-informed machine learning[J]. Nature Reviews Physics，2021，3（6）：422-440.

[27] 沈焕锋，张良培. 地球表层特征参量反演与模拟的机理-学习耦合范式[J]. 中国科学：地球科学，2023，53（3）：546-560.

[28] Sawada Y. Machine learning accelerates parameter optimization and uncertainty assessment of a land surface model[J]. Journal of Geophysical Research：Atmospheres，2020，125（20）：e2020JD032688.

[29] Pfau D，Spencer J S，Matthews A G D G，et al. Ab initio solution of the many-electron Schrödinger equation with deep neural networks[J]. Physical Review Research，2020，2（3）：033429.

[30] Lu L，Dao M，Kumar P，et al. Extraction of mechanical properties of materials through deep learning from instrumented indentation[J]. Proceedings of the National Academy of Sciences，2020，117（13）：7052-7062.

[31] Behler J，Parrinello M. Generalized neural-network representation of high-dimensional potential-energy surfaces[J]. Physical Review Letters，2007，98（14）：146401.

[32] 纪军，李惠. 土木工程智能防灾减灾研究进展[J]. 中国科学基金，2023，37（5）：840-853.

[33] Wan Y T，Zheng W Z，Wang Y. Identification of chloride diffusion coefficient in concrete using physics-informed neural networks[J]. Construction and Building Materials，2023，393：132049.

第2章　水泥基复合材料多源高通量数据库与知识图谱构建技术

2.1　引　　言

随着信息技术的快速发展和大数据时代的到来，传统的水泥基复合材料设计方法已经无法满足现代工程的高效率和高精确性需求，基于 ML 模型的智能化设计方法有望解决这一问题，为实现水泥基复合材料的智能化设计，首先要构建能够代表整体样本空间的数据库。本章旨在探讨如何构建多源高通量数据库和知识图谱（knowledge graph），为实现水泥基复合材料的设计奠定基础。多源高通量数据库集成了不同来源的大量数据，包括实验室测试结果、工程项目数据和文献研究结果，这些数据的高效整合为 ML 模型的训练提供了可能。同时，知识图谱作为一种新型的信息组织形式，通过关联各种数据和知识，为水泥基复合材料设计的决策提供了更为直观和动态的知识结构。

本章以高性能混凝土（high performance concrete，HPC）为例，首先介绍水泥基复合材料的数据库构建技术，包括数据的选择、预处理和特征工程等关键技术步骤。其次详细阐述知识图谱的构建流程，包括数据收集、信息抽取和知识融合与管理。

2.2　水泥基复合材料多源高通量数据库构建技术

2.2.1　数据库构建方法概述

本章使用的数据均来自国际知名期刊，确保了数据的可靠性和可信度。尽管选择过程严谨，数据集中仍可能存在异常值。为解决这一问题，本书开发了一套自动化特征工程系统，涵盖自动特征选择、异常值检测和数据标准化等功能。该系统基于成熟的数理统计学原理，旨在最小化模型误差。此自动化特征工程方法适用于不同性能属性的水泥基复合材料数据库。为了便于说明，本节将以坍落扩展度和 28 d 抗压强度为例进行详细介绍。

特征工程的目标是确定最佳的数据表示方式，其对监督模型的性能影响甚至超过参数选择。本章采用数学统计方法进行特征选择、异常检测、数据可视化描述和数据预处理。然而，特征工程通常是耗时且复杂的任务。为此，本书开发了自动化程序以简化此过程，从而节省时间并提高效率。

1. 自动化特征选择

原始数据集中包含了一些与目标无关，且存在大量缺失值和异常值的特征，这些特征可能对模型性能产生负面影响[1]。为了选择最具信息量和相关性的特征以预测高性能混凝土的性能，应依据以下几点准则进行特征选择。

（1）排除与目标相关性较低的特征。

（2）排除具有较多缺失值或异常值的特征。

（3）排除没有物理意义或缺乏理论依据的特征。

（4）排除与其他特征高度相关的特征。

然而，手动选择特征既耗时又容易出错。为了辅助工程师高效完成这一烦琐过程，本章引入了交叉验证递归特征消除（recursive feature elimination with cross-validation，RFECV）[2]来识别冗余特征。首先，根据学习器返回的 feature_importances_ 属性评估每个特征的重要性。其次，从当前的特征集中递归地移除最不重要的特征，直至预测误差达到最小。此外，本章还运用了交叉验证方法来验证所选择特征组合的有效性。

2. 自动化异常检测

异常值可能会干扰 ML 模型的正常工作，并导致模型预测不准确，这在工程应用中可能引发严重的后果[3, 4]。因此，为确保模型的有效性，采用准确可靠的方法识别和排除异常值至关重要。在数据选择过程中，根据数据的相关性和完整性，只有高质量的数据才被纳入分析。识别异常值的标准包括以下几点。

（1）剔除违反材料科学基本原理的数据点。

（2）剔除与大部分数据点明显不同或可能导致模型出现极端值的数据点。

（3）剔除可能是测量误差或噪声的数据点。

基于上述标准，本章采用四分位距法[3, 4]实现异常值的自动检测和排除，并在 Python 环境下开发了一个自动化工具来检测和排除潜在的异常值。潜在异常值可通过公式（2.1）和公式（2.2）进行识别：

$$L_1 = Q_1 - k \times (Q_3 - Q_1) \tag{2.1}$$

$$L_u = Q_3 + k \times (Q_3 - Q_1) \tag{2.2}$$

式中，L_l 是下限值；L_u 是上限值；Q_1 是下四分位值；Q_3 是上四分位值；k 是容忍系数。大于 L_u 或小于 L_l 的值被视为潜在的异常值。

3. 数据标准化

预测模型的准确性会因不同单位和数量级的差异而受到显著影响，对于 SVR 模型而言尤为明显[5]。这主要是因为大多数 ML 模型依赖于欧氏距离的计算，若数据集中某个特征的值范围较大，则这个特征会在欧氏距离的计算中起主导作用，从而增加预测误差。为解决这一问题，有必要将特征值调整至统一的范围内，使其成为无量纲的数值，便于进行无偏差的比较和加权。在机器学习领域，常用的一种数据缩放策略是标准化处理，该方法有效地减弱了数据范围对模型准确性的影响。在本章中，采用公式（2.3）对特征数据的每一列进行标准化处理[6]：

$$X_i' = \frac{x_i - \overline{x}}{\sigma} \tag{2.3}$$

式中，x_i 为特征 x 的第 i 个值；$\overline{x}$ 为特征 x 的平均值；σ 为特征 x 的标准差；X_i' 为特征 x 的标准化值。

4. 数据集划分

完成特征工程后，获得了一个有意义且可靠的数据集。本章利用 Python 的 train_test_split（）函数将数据随机分为训练集和测试集，其中训练集用于模型训练，测试集用于评估模型的准确性。随机划分数据有助于评估 ML 模型的泛化能力。根据相关文献[7-10]，训练集和测试集的合理划分比例应介于 5∶5 到 9∶1。较大的划分比例可能导致对模型预测结果过于乐观，而较小的比例可能使模型学习不充分。因此，本章选择了 9∶1 的比例来划分数据集，以确保有足够的训练数据，同时保持测试结果的有效性。

5. 交叉验证

交叉验证是一种常用于调整 ML 模型超参数的有效方法，其算法流程如图 2.1 所示。具体而言，训练集被划分为 10 个子集，每一轮选用 1 个子集作为验证集，其余 9 个子集用于训练模型并调整超参数。每轮中，不同的子集轮流作为验证集，其余作为训练集。通过比较不同超参数组合下的模型表现，选取预测误差最小且超参数配置最优的模型。这种方法通过多次迭代，确保了模型评估的准确性和稳定性。

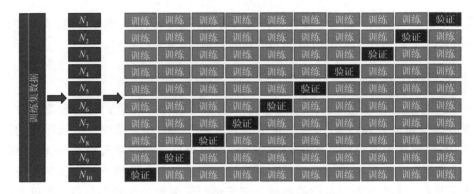

图 2.1　交叉验证算法流程图

6. 性能评估

本章采用 4 个统计指标来系统检验所提模型的预测性能，分别为决定系数（coefficient of determination，R^2）、平均绝对误差（mean absolute error，MAE）、均方误差（mean squared error，MSE）和均方根误差（root mean squared error，RMSE）。这些指标的计算公式如公式（2.4）~公式（2.7）所示。

$$R^2 = \frac{\sum_{i=1}^{n}(y_i' - \overline{y}_i)^2}{\sum_{i=1}^{n}(y_i - \overline{y}_i)} \tag{2.4}$$

$$\mathrm{MAE} = \frac{1}{n}\sum_{i=1}^{n}\left|y_i' - y_i\right| \tag{2.5}$$

$$\mathrm{MSE} = \frac{\sum_{i=1}^{n}(y_i' - y_i)^2}{n} \tag{2.6}$$

$$\mathrm{RMSE} = \sqrt{\frac{\sum_{i=1}^{n}(y_i' - y_i)^2}{n}} \tag{2.7}$$

式中，n 是数据的总数量；y_i' 和 y_i 分别是预测值和实验值；$\overline{y}_i$ 是真实输出的平均值。

2.2.2　水泥基复合材料数据采集

在 AI 领域，ML 模型的可靠性和准确性极大程度上依赖于高质量的数据集。对于 HPC 而言，其工作性能常通过坍落扩展度、L 型仪比值、V 型漏斗时间及离析率等指标评估，这些指标分别反映了流动性、通过能力、流动速度和抗离析性。

流变参数,如屈服应力和塑性黏度,与 HPC 的工作性能紧密相关[11]。此外,根据《自密实混凝土应用技术规程(JGJ/T 283—2012)》,28 d 抗压强度被认为是 HPC 的关键性能指标。同时,28 d 快速氯离子渗透率(rapid chloride permeability, RCP)、孔隙率和吸水性等参数也显著影响 HPC 的耐久性[12]。

本章从国际期刊[13-50]、工程项目及实验中收集了 1258 个 HPC 混合物数据样本,包括原材料组成、配合比设计参数、环境影响数据及涵盖流变、工作、力学和耐久性能的性能指标。这些数据主要用于训练 ML 模型,预测 HPC 的多种性能。这些模型通过分析学习到的数据集中的模式,指导低碳 HPC 的设计过程。

在建立 HPC 预测模型的数据集时,纳入了水泥、石灰石粉、硅灰、粉煤灰、矿渣、偏高岭土、总胶凝材料、砂、粗骨料、水泥强度等级、骨料最大粒径、高效减水剂与胶凝材料比值(SP/B)、引气剂(air entraining agent, AEA)、水胶比(water-to-binder ratio, W/B)等多种特征。特征的选择和排序对模型构建至关重要。本书采用 RF 算法,基于这些特征对 HPC 目标性能的影响自动进行特征重要性评定。为保证数据集的高质量,采用严格标准剔除异常数据。

2.2.3　水泥基复合材料数据库自动化特征选择与异常检测

本章采用 RFECV 选择预测 HPC 性能的关键特征,并使用 RMSE 评估不同特征组合下模型的表现。以 28 d 抗压强度和坍落扩展度为例,图 2.2 展示了特征数量对预测误差的影响。数据显示,随着抗压强度预测数据集中特征数量从 1 增加到 9,RMSE 由 17 MPa 降至 8 MPa。对于坍落扩展度预测,当使用 8 个特征时,RMSE 值最低。综合考虑交叉验证的结果和模型输入变量的一致性,最终确定了 9 个关键特征:水泥、石灰石粉、粉煤灰、硅灰、粗骨料、骨料最大粒径、W/B 和 SP/B。

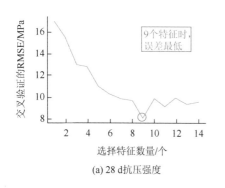
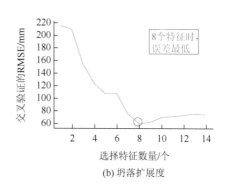

(a) 28 d 抗压强度　　　　　　　　　　(b) 坍落扩展度

图 2.2　选择的特征数量对预测误差的影响

正如前文所述，本章采用箱线图（四分位距）方法检测并剔除异常数据。首先，通过袋外误差和基于树的重要性分析方法评估特征的相关性。其次，从影响最大的特征开始，逐一检测并剔除异常值，并记录每次剔除后的预测误差变化。由于水泥强度等级和骨料最大粒径仅包含少量离散值，这些特征未参与异常值剔除过程。考虑石灰石粉特征样本数量较少且存在零值，若被判定为异常，可能导致有价值的数据丢失，因此石灰石粉特征也未参与剔除过程。

图 2.3 显示了容忍系数 k 对测试集 MSE 和数据量的影响。随着 k 的增加，对异常值的容忍度提高。需要注意的是，低容忍度下获得的低误差模型不一定是稳健的，因为低容忍度可能导致数据集变小。如图 2.3 所示，对于抗压强度数据集，当 k 为 1.6 时，MSE 为 4.4 MPa，数据量为 219，获得了最佳的误差和数据量综合表现。对于坍落扩展度数据集，当 k 为 1.3 或 1.4 时，获得了最低的 MSE 为 107 mm，此时数据量为 290。

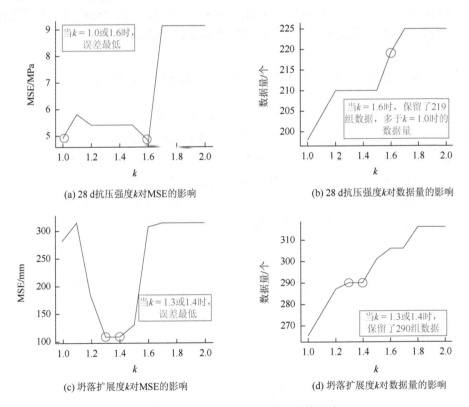

(a) 28 d 抗压强度 k 对 MSE 的影响　　　　(b) 28 d 抗压强度 k 对数据量的影响

(c) 坍落扩展度 k 对 MSE 的影响　　　　(d) 坍落扩展度 k 对数据量的影响

图 2.3　k 对测试集 MSE 和数据量的影响

图 2.4 展示了异常值剔除顺序对模型误差的影响。正序表示根据特征重要性从最有影响的特征开始剔除异常值，逆序则相反，乱序表示随机特征顺序逐一剔

除异常值。可以观察到，剔除异常值显著降低了预测 MSE。如图 2.4（a）所示，对于 28 d 抗压强度模型，通过正序剔除异常值，在处理特征 W/B、水泥和砂的异常值后，获得了最低的误差。逆序处理中，在处理所有特征的异常值后也获得了较低的误差，但与正序相比，剩余数据量减少了 23.1%。图 2.4（b）显示了坍落扩展度模型的结果，在处理所有特征的异常值后，三种异常检测顺序下的模型误差相似。

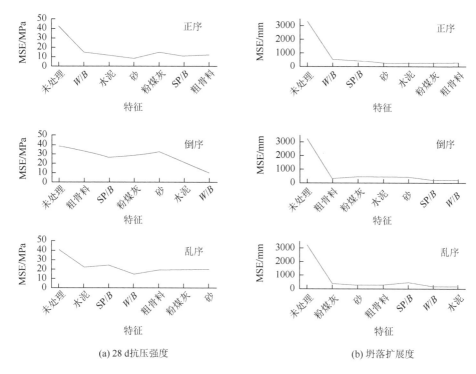

(a) 28 d抗压强度　　　　　　　　(b) 坍落扩展度

图 2.4　在三种顺序下的异常值剔除过程中预测误差的变化

根据上述结果，建议在 HPC 数据集中进行异常值检测时优先采用正序方式，以优化模型的预测准确性。

2.3　水泥基复合材料知识图谱构建技术

2.3.1　知识图谱的概念

知识图谱是一种以图结构形式展示知识的技术，其核心目标是通过建立节点和边来表示实体及其之间的关系，从而构建一个完整、直观的知识网络。知识图谱的基础是实体（通常被称为节点）和实体间的关系（即边），通过这种方式，能够直观地表达出复杂的现实世界信息。

知识图谱的概念最早是在 2012 年由谷歌（Google）提出的，其示例如图 2.5 所示。

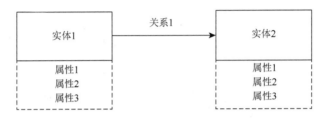

图 2.5　简单知识图谱概念示例

当时，谷歌发布了"Knowledge Graph"项目，这一项目旨在通过知识图谱增强搜索引擎的语义理解能力，使搜索引擎不仅能根据关键词进行匹配，还能理解查询背后的意图和意义。谷歌通过这一技术，实现了从简单的关键词匹配到语义理解的过渡，使得搜索引擎变得更加智能化。这也是知识图谱第一次被大规模应用于商业环境中，并引发了学术界和工业界对知识图谱研究的广泛关注。

下面对知识图谱中的术语进行简单的介绍。

（1）"概念"是对现实世界中的具体事物的概括，如"水泥""骨料""水""掺和料"等。

（2）"实体"指的是世界上的具体事物对象，是概念的一个具体的事物。每个实体可以具有不同的属性，例如在一个水泥基复合材料的知识图谱中，实体可以有"某一厂家生产的水泥""某一厂家生产的骨料""某一厂家生产的水""某一厂家生产的掺和料"等成分，也可以是原材料的生产厂家、水泥基复合材料或原材料的物理或化学性质等其他不局限于材料的事物。

（3）"关系"则是连接实体的边，用于描述实体之间的关联，例如，"水泥"与"抗压强度"之间的关联关系可以通过边来表示。

（4）"属性"是被实体所赋予的，不同实体的属性往往不同，例如，不同的掺和料将会有不同的化学组成，那么这些化学组成就会是这些掺和料的属性。

目前，许多领域如搜索、金融、医学、电商等需要处理大量数据的领域已经有了使用知识图谱的例子。但在水泥基复合材料已有的研究当中，知识图谱大部分都是作为文献整理工具，只有少量研究提出了使用知识图谱对混凝土材料的设计进行指导 ML 模型，并根据已有的数据来更新知识图谱。使用知识图谱对混凝土的设计进行指导并对 ML 模型的预测结果来进行解释是当前的研究方向。总的来说，知识图谱提供了一种有组织的方式来表示领域知识，促进了数据分析和数据检索，使用户能够探索实体之间的关系，并基于复杂的数据分析提取新信息，从而促进新见解的发现。

2.3.2　知识图谱的数据收集

知识图谱的构建离不开高质量的数据收集过程，数据的来源、类型和处理方法直接决定了知识图谱的规模、准确性以及应用效果。数据收集是知识图谱构建中的第一步，也是最为关键的一环。收集到的数据通常可以分为以下几类。

（1）结构化数据：结构化数据是已经通过特定模式或格式进行组织的数据，如关系型数据库中的表格、电子表格、知识库等。常见的结构化数据源包括 DBpedia、Wikidata、Freebase 等开源知识库。这类数据具有明确的实体和属性关系，便于直接引入知识图谱。

（2）半结构化数据：半结构化数据并不完全遵循固定的表格形式，但依然包含一定的结构信息，例如，XML 文件、JSON 文件、网页中的 HTML 数据等。爬虫技术常被用来从半结构化数据中抓取有用的信息，如网络百科、产品评论等。

（3）非结构化数据：非结构化数据是知识图谱构建中最为复杂的部分，这类数据包括自然语言文本、图像、视频等。在这类数据中，实体和关系通常隐藏在非结构化的描述中。自然语言处理技术，如命名实体识别、关系抽取、文本分类等，通常用于从非结构化数据中提取出有用的知识。

（4）领域专家与文献：在一些特定领域，如医疗、法律、金融等，领域专家的知识和专业文献是重要的高质量数据来源。尽管这些数据量较小，但其准确性和权威性使其成为知识图谱中非常重要的补充。在已有的研究当中，可以使用大语言模型和自然语言处理技术对文献中的关键实体、关系、属性等进行提取，并生成构建知识图谱所需要的数据。

目前在水泥基复合材料知识图谱构建中，由于对数据的准确性有较高的要求，数据收集采用的方式可以是根据已有的研究论文、根据已有的文献或是直接由领域内的专家进行构建。但是由于数据的类型、实体的概念、属性等没有一个统一的标准，暂无一个较为完整的水泥基复合材料知识图谱系统。

2.3.3　水泥基复合材料知识图谱的构建

水泥基复合材料知识图谱的构建通常分为多个步骤，下面介绍知识图谱构建的流程。

1. 信息抽取

信息抽取（information extraction）技术是知识图谱构建中的关键步骤，它的任务是从非结构化或半结构化的文本数据中自动提取出有意义的实体、关系和属性，并将这些信息转化为结构化的数据，便于存储在知识图谱中。信息抽取技术主要包括以下几个核心任务。

（1）命名实体识别（named entity recognition，NER）。它的任务是从文本中识别出关键的实体（如胶凝材料、骨料、外加剂等）。NER 是信息抽取的基础任务之一，因为很多关系抽取和属性抽取都是建立在实体识别的基础之上。传统的 NER 方法通常基于规则或统计模型，如隐马尔可夫模型或条件随机场，近年来，基于深度学习的模型（如 BiLSTM、BERT）取得了更好的效果。这些模型通过上下文理解和序列标注技术，可以从复杂的文本中准确识别出实体。

（2）关系抽取（relation extraction）。它的任务是从文本中识别出不同实体之间的关系。这一任务的目标是从自然语言文本中提取出。其中用到了三种方法。

①基于监督学习的方法：通常需要标注的训练数据集，将句子中的实体对及其关系作为分类任务进行建模。常用的方法包括 SVM、NBM 等。

②深度学习方法：近年来，CNN、RNN 和 Transformer 模型在关系抽取任务上表现出色，尤其是结合预训练模型（如 BERT）的方法，能够有效理解复杂的上下文信息，提高抽取准确率。

③无监督方法：一些方法使用无监督学习或弱监督学习，通过聚类或模式匹配来自动发现潜在的关系。

（3）属性抽取（attribute extraction）。它的任务是从文本中提取实体的特定属性。属性抽取也可以理解为关系抽取的一种特殊形式，其中实体与某一属性之间存在特定的关系。属性抽取具有两种类型的原理。

①基于模板匹配：一些系统使用预定义的模板或规则，如匹配句子中出现的"出生于"这样的词组来识别实体的出生日期。

②机器学习方法：与关系抽取类似，属性抽取也可以使用有监督的学习方法来识别实体与其属性之间的关系。

2. 实体对齐与消歧

实体对齐与消歧是确保知识一致性的重要步骤，特别是从不同数据源收集信息时，不同名称可能指向相同的实体。此阶段包括以下几个步骤。

（1）去重：去除重复的实体和关系。在信息抽取的时候，假如使用机器进行收集，那么就有可能会收集到许多相同的实体和关系，例如：ordinary portland cement 和 OPC 它们都是指代的水泥,但是机器有可能将它们识别为两个不同的实体,这些在创建图谱的时候是需要将其对齐的。

（2）噪声处理:过滤无关或错误的数据。同理,假如使用机器进行收集,收集的算法可能会理解错数据的意思,从而把不相关的数据收集进来,因此需要算法通过上下文分析来帮助消歧。

（3）规范化:统一数据的格式和表达形式,如标准化中文名称、化学名称、缩写等。这也是消歧的一个重要的步骤。

3. 知识融合

知识融合将不同来源的数据进行整合,并通过消除冗余和矛盾来形成一个统一的知识图谱。它确保了从不同来源提取的实体、关系和属性能够准确融合在一起,保持数据一致性。这一步主要是可以将不同领域的知识进行融合,从而打破不同行业的技术壁垒,实现不同行业间技术的交流。

4. 知识存储与管理

一旦知识图谱构建完成,知识需要存储在图数据库中,常用的图数据库有 Neo4j、Amazon Neptune 等。图数据库支持高效的知识查询和推理,并允许知识图谱随着新数据的加入进行扩展和维护。当有新的数据加入时,可以对图数据库中的数据进行更新,从而使知识图谱更加完备。

2.3.4　基于知识图谱的特征选择

1. 水泥基复合材料的特征

为了准确评估和优化水泥基复合材料的性能,我们需要识别和理解它们的特征,这些特征主要包括以下几个方面。

（1）材料成分特征:水泥基复合材料的组成非常多样化,主要包括水泥、骨料（如砂、石子）、掺合料（如矿粉、粉煤灰）和水。这些成分的比例、粒径和化学性质对材料的最终性能有显著影响。此外,不同的水泥、骨料、掺和料等的原材料也有不同的化学成分,不同的成分同样会对性能有影响。因此,这一项也是特征当中最重要的一个部分。

（2）物理性能特征:常见的物理性能包括抗压强度、弹性模量、抗拉强度和抗折强度等。物理性能特征主要用于描述混凝土的各种宏观的性能,例如,对于不同的高性能混凝土,材料的耐久性、流动性和抗裂性能都将是重要的指标。

（3）化学属性特征:水泥基复合材料的化学反应（如水化反应）在其性能发

展过程中起到关键作用。水泥熟料、矿物掺合料在水化过程中生成的产物，如C-S-H 胶凝和钙矾石，影响材料的长期强度和耐久性。在化学属性特征，需要记录化学反应的反应物、生成物、反应条件等。化学属性特征也会影响混凝土的性能，例如，化学反应产生的气泡会增大混凝土的孔隙；通过化学反应可以固碳，但是固碳量太多有可能会降低混凝土的性能。

（4）微观结构特征：微观结构的变化，如孔隙率、水化产物的分布等，直接影响水泥基复合材料的宏观性能。扫描电镜等技术的应用，使我们可以从微观层面更好地分析材料性能。通过记录混凝土的微观结构特征，可以在知识图谱中更加清晰地了解原材料是如何影响性能的，并为后续知识图谱指导和解释机器学习打下良好的数据基础。

通过知识图谱，我们可以将这些特征进行结构化表示，并揭示材料组成与性能之间的关系，从而为模型的特征选择提供依据。

2. 基于知识图谱的特征选择

基于知识图谱的特征选择其实是结合语义信息和实体关系通过图谱结构化信息，揭示特征间的复杂关系，来更好地理解数据中的语义和关联性。知识图谱可以将这些已收集到的数据统一表示，并通过实体、关系、属性之间的连接，帮助挖掘隐藏在数据中的有意义特征。

知识图谱通过图结构和语义关系将实体（如材料成分、环境条件）和属性（如抗压强度、化学反应）连接在一起。这种结构不仅描述了每个实体的个体属性，还揭示了实体之间的复杂交互关系。在特征选择过程中，知识图谱可以帮助挖掘出实体之间的隐性关联和多级特征。

隐性关联是指通过实体和属性之间的关系，发现某些特征对性能表现是否有潜在的影响。例如，特定矿物掺合料对混凝土强度的提升可能是通过复杂的物理化学反应实现的，传统方法难以直接捕捉，而知识图谱可以通过实体关系揭示这种隐藏的关联。多级特征是指在工程中，许多特征不是孤立的，而是通过多个维度或层级影响最终的性能表现。知识图谱可以帮助识别这种多级特征，如水泥成分的粒径、反应速率、温度条件等，这些因素共同影响混凝土的力学性能。

最后，可以根据知识图谱选择图谱中与相关性能联系最大的几个特征作为机器学习的输入变量。

2.4 本章小结

本章首先通过整合国际知名期刊的精选数据集，成功建立了水泥基复合材料的多源高通量数据库。开发了一套包括自动化特征选择、异常值检测和数据标准化的特征工程系统，确保了数据处理的高效性和模型的准确性。

　　然后使用自动特征工程高效地优化了数据结构。具体而言，通过自动特征选择，确定了若干个最相关特征作为输入；通过异常值的剔除显著降低了预测误差；通过数据标准化将每个特征的值缩放到统一的范围内，有效减小了数据范围对模型准确性的影响（如标准化后的 R^2 从 0.70 增加到 0.95）。最终的数据集在每个特征上呈现出广泛的分布，确保数据集充分代表整体样本空间。

　　本章详细阐述了知识图谱的构建流程，从数据收集、信息抽取到知识融合与管理，每一步都精确考虑，确保了知识图谱的准确性和应用价值。通过建立实体和关系，为水泥基复合材料设计的决策提供了直观和动态的知识结构。

参 考 文 献

[1]　Yang Y Y，Chen D G，Zhang X，et al. Incremental feature selection by sample selection and feature-based accelerator[J]. Applied Soft Computing，2022，121：108800.

[2]　Li W，Long L C，Liu J Y，et al. Classification of magnetic ground states and prediction of magnetic moments of inorganic magnetic materials based on machine learning[J]. Acta Physica Sinica，2022，71（6）：060202.

[3]　Kaltenbach H M. A concise guide to statistics[M]. Berlin：Springer Science & Business Media，2011.

[4]　Dekking F M，Kraaikamp C，Lopuhaä H P，et al. A modern introduction to probability and statistics：Understanding why and how[M]. London：Springer Science & Business Media，2005.

[5]　Sua-iam G，Sokrai P，Makul N. Novel ternary blends of type 1 portland cement，residual rice husk ash，and limestone powder to improve the properties of self-compacting concrete[J]. Construction and Building Materials，2016，125：1028-1034.

[6]　Mahjoubi S，Meng W，Bao Y. Auto-tune learning framework for prediction of flowability，mechanical properties，and porosity of ultra-high-performance concrete（UHPC）[J]. Applied Soft Computing，2022，115：108182.

[7]　Uysal M，Tanyildizi H. Predicting the core compressive strength of self-compacting concrete（SCC）mixtures with mineral additives using artificial neural network[J]. Construction and Building Materials，2011，25（11）：4105-4111.

[8]　Jayaprakash G，Muthuraj M P. Prediction of compressive strength of various SCC mixes using relevance vector machine[J]. Computers，Materials & Continua，2018，54（1）：83-102.

[9]　Kovačević M，Lozančić S，Nyarko E K，et al. Modeling of compressive strength of self-compacting rubberized concrete using machine learning[J]. Materials，2021，14（15）：4346.

[10]　Chaabene W B，Flah M，Nehdi M L. Machine learning prediction of mechanical properties of concrete：Critical review[J]. Construction and Building Materials，2020，260：119889.

[11]　Wallevik O H，Wallevik J E. Rheology as a tool in concrete science：The use of rheographs and workability boxes[J]. Cement and Concrete Research，2011，41（12）：1279-1288.

[12]　Li C，Li J Q，Ren Q M，et al. Durability of concrete coupled with life cycle assessment：Review and perspective[J]. Cement and Concrete Composites，2023，139：105041.

[13]　Bouzoubaâ N，Lachemi M. Self-compacting concrete incorporating high volumes of class F fly ash：Preliminary results[J]. Cement and Concrete Research，2001，31（3）：413-420.

[14]　Ghezal A，Khayat K H. Optimizing self-consolidating concrete with limestone filler by using statistical factorial

design methods[J]. Materials Journal, 2002, 99 (3): 264-272.

[15] Bui V K, Akkaya Y, Shah S P. Rheological model for self-consolidating concrete[J]. Materials Journal, 2002, 99 (6): 549-559.

[16] Patel R, Hossain K M A, Shehata M, et al. Development of statistical models for mixture design of high-volume fly ash self-consolidating concrete[J]. Materials Journal, 2004, 101 (4): 294-302.

[17] Sonebi M. Medium strength self-compacting concrete containing fly ash: Modelling using factorial experimental plans[J]. Cement and Concrete Research, 2004, 34 (7): 1199-1208.

[18] Sonebi M. Applications of statistical models in proportioning medium-strength self-consolidating concrete[J]. Materials Journal, 2004, 101 (5): 339-346.

[19] Şahmaran M, Yaman İ Ö, Tokyay M. Transport and mechanical properties of self consolidating concrete with high volume fly ash[J]. Cement and Concrete Composites, 2009, 31 (2): 99-106.

[20] Kim J H, Noemi N, Shah S P. Effect of powder materials on the rheology and formwork pressure of self-consolidating concrete[J]. Cement and Concrete Composites, 2012, 34 (6): 746-753.

[21] Jau W C, Yang C T. Development of a modified concrete rheometer to measure the rheological behavior of conventional and self-consolidating concretes[J]. Cement and Concrete Composites, 2010, 32 (6): 450-460.

[22] Trezos K G, Sfikas I P, Pasios C G. Influence of water-to-binder ratio on top-bar effect and on bond variation across length in Self-Compacting Concrete specimens[J]. Cement and Concrete Composites, 2014, 48: 127-139.

[23] Van Der Vurst F, Desnerck P, Peirs J, et al. Shape factors of self-compacting concrete specimens subjected to uniaxial loading[J]. Cement and Concrete Composites, 2014, 54: 62-69.

[24] Long W J, Gu Y C, Liao J X, et al. Sustainable design and ecological evaluation of low binder self-compacting concrete[J]. Journal of Cleaner Production, 2017, 167: 317-325.

[25] Ahari R S, Erdem T K, Ramyar K. Thixotropy and structural breakdown properties of self consolidating concrete containing various supplementary cementitious materials[J]. Cement and Concrete Composites, 2015, 59: 26-37.

[26] 丁仲聪. 基于深度学习的自密实混凝土工作性能实时调整方法研究[D]. 北京：清华大学，2018.

[27] 向星赟. 钢管自密实再生混凝土短柱的轴压和偏压力学行为研究[D]. 成都：西南交通大学，2017.

[28] 张发盛. 钢纤维自密实混凝土梁斜截面受剪性能研究[D]. 大连：大连理工大学，2014.

[29] 尚作庆. 钢管自应力自密实混凝土柱力学性能研究[D]. 大连：大连理工大学，2007.

[30] 尚莉. 基于人工神经网络技术的机制砂自密实混凝土配合比设计研究[D]. 深圳：深圳大学，2020.

[31] 李京洋. 氯盐和碳化耦合侵蚀自密实混凝土的试验研究与数值模拟[D]. 南京：东南大学，2019.

[32] 林春. 骨料级配对自密实混凝土性能的影响[D]. 广州：华南理工大学，2012.

[33] Al-alaily H S, Hassan A A A. Refined statistical modeling for chloride permeability and strength of concrete containing metakaolin[J]. Construction and Building Materials, 2016, 114: 564-579.

[34] Chandru P, Karthikeyan J, Sahu A K, et al. Some durability characteristics of ternary blended SCC containing crushed stone and induction furnace slag as coarse aggregate[J]. Construction and Building Materials, 2021, 270: 121483.

[35] Cheng B, Mei L, Long W J, et al. Ai-guided proportioning and evaluating of self-compacting concrete based on rheological approach[J]. Construction and Building Materials, 2023, 399: 132522.

[36] Dehwah H A F. Corrosion resistance of self-compacting concrete incorporating quarry dust powder, silica fume and fly ash[J]. Construction and Building Materials, 2012, 37: 277-282.

[37] Frazão C, Camões A, Barros J, et al. Durability of steel fiber reinforced self-compacting concrete[J]. Construction and Building Materials, 2015, 80: 155-166.

[38]　Ghafoori N，Najimi M，Sobhani J，et al. Predicting rapid chloride permeability of self-consolidating concrete：A comparative study on statistical and neural network models[J]. Construction and Building Materials，2013，44：381-390.

[39]　Ghoddousi P，Adelzade Saadabadi L. Pore structure indicators of chloride transport in metakaolin and silica fume self-compacting concrete[J]. International Journal of Civil Engineering，2018，16：583-592.

[40]　Gupta N，Siddique R. Durability characteristics of self-compacting concrete made with copper slag[J]. Construction and Building Materials，2020，247：118580.

[41]　Kanellopoulos A，Petrou M F，Ioannou I. Durability performance of self-compacting concrete[J]. Construction and Building Materials，2012，37：320-325.

[42]　Martins M A，Barros R M，da Silva L R R，et al. Durability indicators of high-strength self-compacting concrete with marble and granite wastes and waste foundry exhaust sand using electrochemical tests[J]. Construction and Building Materials，2022，317：125907.

[43]　Ouldkhaoua Y，Benabed B，Abousnina R，et al. Effect of using metakaolin as supplementary cementitious material and recycled CRT funnel glass as fine aggregate on the durability of green self-compacting concrete[J]. Construction and Building Materials，2020，235：117802.

[44]　Rajhans P，Gupta P K，Kumar R R，et al. EMV mix design method for preparing sustainable self compacting recycled aggregate concrete subjected to chloride environment[J]. Construction and Building Materials，2019，199：705-716.

[45]　Rajhans P，Panda S K，Nayak S. Sustainability on durability of self compacting concrete from C&D waste by improving porosity and hydrated compounds：A microstructural investigation[J]. Construction and Building Materials，2018，174：559-575.

[46]　Şahmaran M，Yaman Ö，Tokyay M. Development of high-volume low-lime and high-lime fly-ash-incorporated self-consolidating concrete[J]. Magazine of Concrete Research，2007，59（2）：97-106.

[47]　Ahari R S，Erdem T K，Ramyar K. Permeability properties of self-consolidating concrete containing various supplementary cementitious materials[J]. Construction and Building Materials，2015，79：326-336.

[48]　Sasanipour H，Aslani F. Durability properties evaluation of self-compacting concrete prepared with waste fine and coarse recycled concrete aggregates[J]. Construction and Building Materials，2020，236：117540.

[49]　Sharbaf M，Najimi M，Ghafoori N. A comparative study of natural pozzolan and fly ash：Investigation on abrasion resistance and transport properties of self-consolidating concrete[J]. Construction and Building Materials，2022，346：128330.

[50]　Siddique R. Compressive strength，water absorption，sorptivity，abrasion resistance and permeability of self-compacting concrete containing coal bottom ash[J]. Construction and Building Materials，2013，47：1444-1450.

第3章　水泥基复合材料智能化图像分析技术及微观结构表征技术

3.1　引　言

在现有的大部分水泥基复合材料水化性能与微观结构的相关研究中,图像几乎是不可或缺的。水泥基复合材料的水化微观图像直观地提供了丰富的、有价值的物相信息。然而,当前公开研究中的大量微观图像存在信息利用率低的问题。传统的图像分析方法操作上相对烦琐且不具有普适性,需要针对图像个例进行阈值处理,且还存在物相之间阈值难以定量划分的难题。采取智能化图像分析技术结合电子显微镜技术能够帮助研究者充分了解水泥基复合材料在水化进程中的物相演变与孔隙分布变化,提升水泥图像分析效率与准确性,进而解析形成水泥基复合材料宏观性能的原因。

SEM 成像技术作为常用的水泥科学材料微观表征手段,自 1966 年首次应用于材料断面研究以来,该技术至今取得了许多进展,特别是在材料抛光切片上获得的背散射电子像(backscattered electron image,BSEI)[1]。传统胶凝材料 BSEI 灰度分割是一项艰巨的任务,主要是由于不同相的吸收对比度较低,使灰度值重叠[2],进而难以对不同物相进行准确的划分,对于不同物相的定量分析存在一定困难。针对掺入了水泥辅助性胶凝材料(supplementary cementitious materials,SCMs)的水泥基复合材料,如何高效地处理图像并最大化地提取水泥混凝土图像中的物相信息,拓展图像分析方法在水泥科学中的应用,是水泥科学研究者们值得关注的研究难点。

得益于人工智能与水泥科学的深度融合与创新发展,ML 方法赋能计算机视觉技术,在图像分类与语义分割任务中展现了优秀的泛化能力。ML 结合计算机视觉手段在水泥科学微观结构图像表征中取得了一定研究进展。该方法在分割具有"不受控制"背景亮度与不同放大倍率的图像方面,具有广泛的应用前景,在胶凝颗粒识别精度提升、微观图像的全局分割方面展现出了优势。

本章结合现有的微观结构表征技术获取水化进程中复杂胶凝颗粒体系的微观结构图像,并针对丰富的 BSEI 数据集,建立一种用于多元水泥体系的胶凝颗粒物相语义分割方法,定性分析水化进程中胶凝颗粒的形貌演化,定量分析多元胶凝体系中各类不同化学活性材料的反应程度。首先，参考紧密颗粒堆积模型，对比设计的原材料粒径累积频率曲线与参考模型曲线。将成型的水泥硬化浆体进行切割、环氧树脂镶嵌、抛光等，结合 SEM 试验对抛光切片进行拍摄并获得水泥基复合材料水化进程中 BSEI 数据集。其次，提取该部分图像的像素特征、进行特征拼接与编码并将图像像素特征可视化，再采用快速随机森林（RF）算法对水泥基复合材料微观结构物相分类分割，采用统计学方法定量分析纯硅酸盐水泥水化程度并与化学结合水试验进行交叉验证；再将该分析方法应用于水泥基复合材料体系当中。最后，定性分析与揭示特征胶凝颗粒形貌演化规律，从化学反应作用与物理填充作用方面尝试揭示含多种矿物掺合料的复合胶凝体系水化机理，为水泥基复合材料复杂水化作用的研究提供指导。

3.2　原材料及配合比设计

3.2.1　原材料表征

考虑微观试验取样的复杂性问题，本次研究围绕水泥基复合材料净浆层面展开，所选用的胶凝材料化学组成见表 3.1。为排除普通硅酸盐水泥中矿物掺合料的影响，控制水泥基复合材料的水泥用量，水泥种类选用硅酸盐水泥（portland cement, PC），代号为 P·I，强度等级为 42.5。辅助性胶凝材料采用 S95 级矿渣（slag, S）与 I 级粉煤灰（fly ash, FA）。惰性材料采用石英砂（quartz sand, QS）目数为 110～200 目，其作用是模拟骨料与提升胶凝体系中粗颗粒含量，其主要成分为二氧化硅。

表 3.1　胶凝材料的化学组成　（单位：%）

化学组成	CaO	SiO_2	Al_2O_3	MgO	Na_2O	Fe_2O_3	SO_3	LOI
硅酸盐水泥	63.51	20.82	4.48	2.82	0.56	3.33	2.25	2.00
S95 级矿渣	34.00	34.20	7.24	6.21	—	0.54	1.62	0.36
I 级粉煤灰	5.50	41.20	29.45	0.95	—	4.94	0.82	3.30
石英砂	0.01	99.60	0.03	0.01	—	0.01	—	0.30

采用 Bettersize2600E 激光粒径分析仪（干法）对试验原材料粒径进行分析，物理性能见表 3.2，粒径分布曲线如图 3.1 所示。S 和 PC 细颗粒含量接近，整体上的粒径水平为 S 颗粒最细，QS 颗粒最粗。S、PC、FA 颗粒粒径主要集中

在 3～35 μm，QS 颗粒粒径集中在 35～145 μm。PC 和 S 的密度接近，FA 的密度最小。

表 3.2　胶凝材料的密度、比表面积及峰值粒径

名称	硅酸盐水泥	I 级粉煤灰	S95 级矿渣	石英砂
密度/(g/cm³)	3.11	2.30	3.10	2.66
比表面积/(m²/kg)	295.20	270.20	321.30	45.07
峰值粒径/μm	24.58	10.21	16.78	102.50

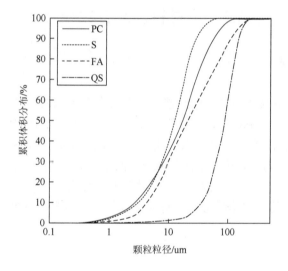

图 3.1　胶凝材料粒径分布曲线图

3.2.2　原材料组成及设计

本次试验配合比设计共考虑了三个要素。一是使用不同化学活性的 SCMs。FA、S 均为常见的 SCMs，其具有不同的化学组分，表现出的化学活性也各有不同，FA 具有低胶凝活性的特点，S 具有比表面积大、反应活性高但需要氢氧化钙提供碱性环境才能进行反应的特点。二是考虑不同粒径粉体颗粒混合后的粒径分布，当 SCMs 与水泥颗粒混合后，胶凝体系的颗粒分布会发生改变，在水化过程中水化产物的分布与生成受颗粒堆积孔隙结构的限制，间接影响反应进度。QS 具有较粗的颗粒粒径，在胶凝体系中加入 QS 能够调整粗颗粒的分布。而 S 具有

较细的颗粒粒径，能够填充中颗粒粉体和粗颗粒粉体间的孔隙。三是为了在后续的研究分析中，能够较好地将物相分割出来，确保图像视野中有足够的未水化胶凝颗粒，为方便计算与分析，将掺量梯度设置成 10%进行加减。

水泥材料的性能与水泥熟料的用量、水泥颗粒粒径分布和硬化后的孔隙含量等因素有关，如果能在加水拌合前形成紧密颗粒堆积状态，能够有效减少胶凝体系的孔隙率，使材料更加密实，以获得良好的性能。因此，较优的颗粒级配是指导水泥材料设计的重要因素。为验证本次试验选取的水泥材料是否具有较优的颗粒级配，将常用的几类紧密颗粒堆积模型汇总至表 3.3 中，比对选择合适于本书的紧密颗粒堆积模型，用于本次的设计试验参考。

表 3.3　常用的紧密颗粒堆积模型及适用条件

名称	研究对象	适用体系	模型参数
Horsfield 颗粒堆积模型[3]	刚性球体	粉体颗粒堆积	颗粒直径、数量、孔隙率
Hudson 堆积模型[4]	等径球体	球体颗粒堆积	三方及四方孔隙、球数、孔隙率
Aim&Goff 模型[5]	粉体颗粒	二元体系	粗细粉体颗粒粒径比、细粒径体积分数、体系堆积密度
Tsivilis.S 模型[6-8]	水泥颗粒	硅酸盐水泥	筛孔孔径、粉体特征粒径、均匀系数、筛析通过量、筛析筛余量
Fuller 模型[9]	混凝土骨料（不考虑颗粒形貌）	水泥混凝土材料体系	骨料粒径与最大粒径、粒径分布
修正后的 Fuller 模型[10]	考虑颗粒形貌的粉体颗粒	惰性和低活性胶凝材料体系	颗粒粒径与最大粒径比、粒径分布
Andersen 模型[11]	粉体颗粒	粉体颗粒堆积	颗粒粒径与最大粒径比、粒径分布
修正后的 Andersen 模型[12]	粉体颗粒	粉体颗粒堆积	有限最小颗粒修正

对于 PC 粉体颗粒而言，可以选用 Tsivilis.S（T.S）模型作为参考模型，和本书中使用的 PC 粒径分布曲线进行比对，结果如图 3.2（a）所示。从图中可以看出，编号 1 代表的纯硅酸盐水泥体系具有较优的颗粒级配，粒径分布曲线基本拟合，表明本书使用的纯硅酸盐水泥符合 T.S 分布标准。当水泥体系掺入其他的 SCMs，整个胶凝体系的典型粒径中的最大粒径会发生改变，T.S 模型分布将不再适用[13]。

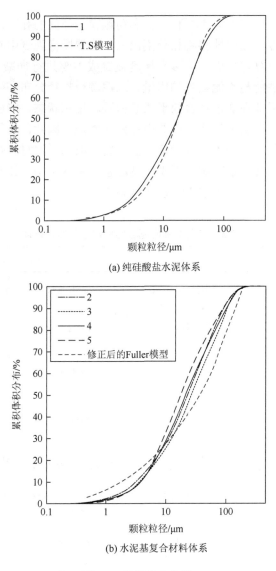

(a) 纯硅酸盐水泥体系

(b) 水泥基复合材料体系

图 3.2　粒径分布曲线

　　根据表 3.3 中综述的颗粒级配模型，对复合胶凝材料的颗粒粒径分布可以选用修正后的 Fuller 模型作为设计参考。编号 2～4 的粒径分布如图 3.2（b）所示。FA 的粒径是选取的胶凝材料中最细的，对于掺和 40%FA 的编号 5 影响最大，其余编号 2～4 的粒径接近。对于颗粒粒径 1～5 μm 的细颗粒而言，整体含量低于 Fuller 模型的计算结果，对于 5～45 μm 的颗粒粒径区间，累积体积较为接近，而 45 μm 以上的颗粒含量高于模型计算结果。

3.2.3　硬化浆体成型

首先,按照设计配合比称量实验材料,完成搅拌后采用钢模进行固化。由于净浆抗压试验得到的结果数据比较离散,且根据米贵东[2]的试验发现,标准砂浆模具成型的净浆试块能够适当降低净浆抗压强度数据的离散性,故采用尺寸为 40 mm×40 mm×160 mm 的钢模进行水泥浇注,用于力学性能测试。再取少部分浇筑在直径为 20 mm、高度为 20 mm 的软模中,用于电镜试验与化学结合水测试。

将加水拌合后的浆体放在振捣台上振荡均匀后使用抹具进行抹平,盖上一层保鲜膜存放,存放时间达到 24 h 后拆除模,并用记号笔写上时间及编号,置于温度(23±2)℃、湿度(60±10)%的室内环境中进行养护至试验龄期,试验共计 3 个龄期,分别为 3 d、7 d、28 d,试验共计 5 组配合比,标准试块每个龄期 3 块一组,共计 45 块。圆柱形试块每个龄期 2 块一组,共计 30 块。

3.3　微观结构表征

电子显微镜是研究水泥基复合材料微观结构最有力的技术之一。其中,BSEI 对比 SEM 图像具有平整的优势,能够更直观地观察水泥基复合材料的微颗粒的形貌。BSEI 的衬度仅取决于不同微观区域物相的平均原子序数。样品表面平均原子序数较高的区域,产生较强的背散射电子信号,在 BSEI 中呈现较亮的灰度,因此,背散射电子成像的亮度不受物相形貌的影响,仅与该类物相的化学组成相关。根据化学组成决定的明暗程度不同而呈现出阈值为 0~255 的灰度图。

然而,骨料的硬度通常比硬化水泥浆体坚硬很多,因此,抛光时骨料颗粒间的浆体(常作为主要的研究对象)易被磨损,此外,辅助性胶凝材料的硬度与水泥颗粒的硬度也有区别,采用自动抛磨机进行打磨时需格外注意。背散射电子(backscatter electron,BSE)样品制样过程需根据试验原材料的硬度进行调整。本节介绍如何制备水泥浆体的抛光样品、BSEI 拍摄步骤及水泥基复合材料胶凝颗粒的微观形貌特征。

3.3.1　BSE 样品制样

为研究水泥基复合材料全龄期水化进程,试验需要获取大量的 BSEI,根据文献[13]中提供的方法对水泥基复合材料硬化浆体的切片进行抛光制样,将终止水化处理后的样品先干燥,粗磨后得到平整的刨面用环氧树脂填充,固化后采用抛光机，更换不同目数的砂纸进行打磨，打磨时配合光学显微镜观察环氧树脂的残留程度，打磨至样品面裸露后，配置抛光液配合抛光布进行精抛。

根据上述方法，抛光布配合抛光液的操作手段对制样人员的经验要求较高，根据大批量样品制样及拍摄需要，本书经过不断调整与改进，建立了一套效率更高、更详细的制样方案，以一种较为简便、较低成本的方法获得样品清晰的微观结构面图像数据。值得注意的是，经过反复试验，需要根据自身样品的性质进行适当调整，例如，粉煤灰用量较高的样品在粗磨过程中需要调整力度，否则极易破坏样品表面。经反复试验及调整，得到水泥基复合材料样品 BSE 制样及电镜拍摄流程图如图 3.3 所示。

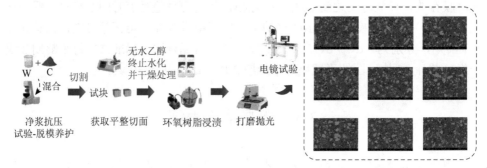

图 3.3　水泥基复合材料样品 BSE 制样及电镜拍摄流程图

1. 终止水化

按照 3.2.3 节的方法进行标准试块制备、脱模养护，分别养护至 3 d、7 d、28 d。取切割后的圆柱形试块 2 块，浸泡于无水乙醇中中止水化，无水乙醇用量建议为样品体积的 20 倍以上，确保样品能够充分浸泡，浸泡时长为 7～10 d，浸泡期间更换一次无水乙醇，取出放入真空干燥箱中进行烘干，烘干时间为 24 h，烘干温度为 40℃。

2. 环氧树脂真空镶嵌

为了获得更深的环氧树脂镶嵌深度以及排除样品表面碳化，将样品的切面进行粗磨，粗磨选取 800 目的金刚石砂纸。需注意，经过试验，采用更低目数的砂纸进行粗抛会破坏表面样品，并得到较多的人为裂痕。粗磨后将打磨面朝上置内径 25 mm、高 19 mm 的金相镶嵌软模中，由于样品打磨失败率较高，建议每种样品镶嵌 2 个及以上，一个用于拍摄，其余作为备用。然后将模具放置在真空镶嵌仪中，将按固定比例调制成的环氧树脂胶放置于真空镶嵌仪中，抽真空一段时间后再倒入模具，覆盖住样品，放气取出，如图 3.4（a）所示，置于真空干燥箱中烘干，烘干温度为 40℃，时间为 24 h。固化后样品示例如图 3.4（b）所示。

(a) 真空镶嵌　　　　　　　　　　　　(b) 固化样品

图 3.4　环氧树脂镶嵌

3. 粗磨

由于样品的环氧树脂镶嵌厚度不一，经试验，直接采用抛光机打磨环氧树脂耗时很长且打磨不出浆体表面，所以先采用 800 目和 1000 目砂纸进行粗磨，建议采用抛磨机进行粗磨。经尝试，直接用手平磨效果不佳，且力度不好控制，将环氧树脂磨除以后，裸露出部分水泥硬化浆体，便于进行进一步的打磨和抛光。配合光学显微镜，观察环氧树脂的残余程度。

4. 细磨

采用自动抛光机，依次使用 2000 目、3000 目、4000 目的金刚石砂纸进行细磨，细磨时间随着目数增加可适当延长，细磨压力随目数增加适当减少。此外，因 FA 颗粒的掺入，样品的表面粗糙度较高且容易磨坏，含 FA 的样品需进行单独细磨。细磨过程中滴加无水乙醇，防止过热以及减少样品摩擦与划痕。每更换一级金刚石砂纸需将样品用超声清洗机进行清洗，清洗剂选用无水乙醇，经试验，时间过长会导致仪器中盛放的无水乙醇过热，无水乙醇在温度过热时极易挥发，存在一定安全隐患，建议清洗时长为 5 min，如图 3.5 所示。

(a) 自动抛光机　　　　　　　　　　(b) 超声清洗机

图 3.5　细磨样品

5. 抛光

采用红色尼龙抛光布进行精抛，配置抛光液的手法过于烦琐且对操作人经验要求较高，下面采用一种省时、低成本、更普适的方法，不同细度的金刚石抛光膏进行样品的精细抛光。依次使用细度为 10、3.5、0.25 的金刚石研磨膏对样品进行抛光，抛光时间随着细度增加可适当延长，抛光压力随目数增加适当减少。每更换一级金刚石研磨膏需将样品用超声清洗机进行清洗，清洗剂选用无水乙醇，清洗时长为 5 min，将样品用超声清洗机清洗 10 min 后，为避免拍摄时污染镜筒，置入电鼓风干燥箱中干燥 24 h，等待电镜试验。抛光好的样品具有镜面效果，如图 3.6 所示。

图 3.6　抛光后的样品

3.3.2　水泥基复合材料的背散射电子成像

由于水泥是一种非均匀材料，必须测量足够的微观区域才能得到代表试块整体的结果。放大倍数越高，所需的图像数量就越多，才能覆盖相同的总面积。这一结果是在高放大倍率下获得的更好分辨率和在低放大倍数下测量的较大面积之间的权衡。

将抛光干燥好的样品进行喷碳处理，用 SEM 进行拍摄，如图 3.7 所示。为了提升识别效果，试验尝试拍摄了 500×，1000×，2000×放大倍数的图像，标尺信息分别是 200 μm、100 μm、50 μm。2000×的图像放大倍数过大，适合边缘分析，不适用于本次研究。1000×的图像能够直观地辨认不同物相，但 500×的图像对于细颗粒 GGBFS 存在一定的辨认难度，从统计学的角度应采用 500×的图像进行分析，从物相识别更精确的角度应采用 1000×的图像，故本次研究取 1000×和 500×作为放大倍率进行试验。本次试验共计采集到图像数据 488 张，图像分辨率为 1536×1104，每种样品每个龄期平均采集了 32 张，每个样品累计 5426 万像素数，大于所推荐对于水泥基复合材料采样最低标准的 4000 万像素数[14]。

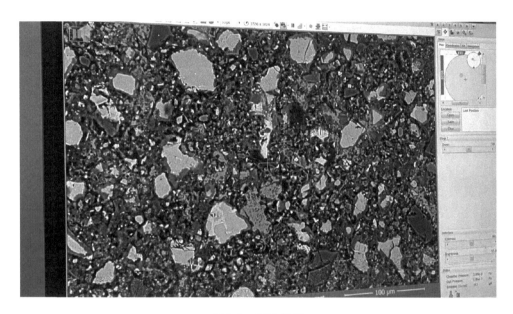

图 3.7　SEM 拍摄

3.3.3　水泥基复合材料胶凝颗粒微观形貌

微观结构是研究水泥基复合材料体系的一种有力手段。水泥混凝土微观结构的不均匀性会严重影响其性能、强度和其他机械性能[15]。因此，必须研究水泥混凝土的微观结构，以了解其性能和失效的原因。

图 3.8 展示了本次试验中硬化浆体整体微观形貌。根据图中信息，未水化胶凝颗粒颗粒的明暗程度从亮到暗依次为 PC、S、FA、QS 颗粒，这是由于 S 及 FA 的 Al 和 Si 含量高而 Ca 含量低，在 BSEI 中的灰度明显低于水泥熟料。此外，由于 BSEI 的灰度特征仅取决于 BSE 样品的化学组成成分，同种胶凝材料的微观结构特征具有重复性。当图像灰度值重叠时，形貌特征为物相区分提供了依据。水的掺入导致水合物的平均原子序数比无水材料低得多，因此在未反应（无水）和反应材料（水合物）之间得到了很强的对比。在水合物中，硅岩（CH）明显比其他水合物（CSH 和 AFm）亮。然而，不可能根据灰度来区分其他水合物（C-S-H、蚀闪石、AFm 相等）。C-S-H 胶凝主要在 PC 颗粒周围沉积，CH 则主要在充满水的孔隙中发生沉积。

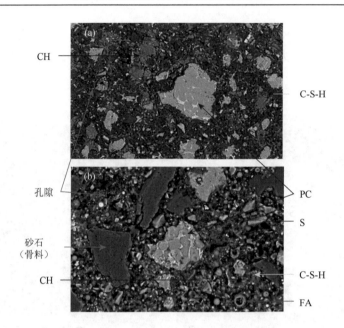

图 3.8　硬化浆体整体微观形貌（a）纯硅酸盐水泥体系（b）水泥基复合材料体系

图 3.9（a）可以观察到明显的 PC 熟料的阿利特相，明亮的铁铝酸盐以支架的形式填充在硅酸钙晶粒中。无水相之间的对比较弱，但仍然很明显，铁氧体固态溶液明显最亮，其次是阿利特（C_3S），铝酸盐（C_3A）和贝利特（C_2S）在灰色水平上非常相似。铝盐与大量间质物质反应相当均匀，而明亮的铁氧体似乎很少反应，并屏蔽了活性铝酸盐相。

S 以及 FA 的 Al 和 Si 含量高而 Ca 含量低，在 BSEI 中明显低于水泥熟料。本书使用的 BFS 组成中 MgO 含量达 7.24%，在图中显示出高亮的部分，较暗的为 CaO 和 SiO_2 组成的相，组成上和水泥颗粒类似，含量比水泥颗粒低，故整体呈现出比 UHC 更暗的衬度特征。BFS 的边缘有明显的棱角，与曲线型的 PC 颗粒具有明显不同的形貌特征。

FA 呈现典型的圆弧型形貌，主要反应成分为 SiO_2、Al_2O_3，在活性胶凝材料中其衬度是最暗的，比 C-S-H 胶凝略亮，依照目视条件难以区分二者的灰度差别，需借助粉煤灰颗粒的形貌进行区分，其在发生水化反应后会产生圆形的水化壳，壳的内部填充了细小颗粒的水化产物及其他 SCMs，如图 3.9（c）所示。该现象说明了在拍摄样品截取得到的断面时水化反应是动态的过程。FA 颗粒发生水化反应后形成了空心的壳，表面形成侵蚀形貌，内部被流动的水化产物及胶凝颗粒填充，形成了致密的浆体。根据现有的研究[16]，FA 颗粒在水化早期主要起填充作用，而后会与 PC 生成的 CH 发生二次水化反应。QS 的典型特征呈现明显更暗的灰度，且并不参与水化反应，仅起填充作用。QS 周围存在大量孔隙，该区域是水泥材料的薄弱相部分，将直接影响水泥强度的发展，初步解释了含 QS 的实验组抗压强度普遍低于纯水泥净浆的原因。

(a) PC熟料颗粒-阿利特　　　(b) S　　　　　(c) FA　　　　　(d) QS

图 3.9　PC 胶凝颗粒内部微观形貌

综上，纯硅酸盐水泥体系和水泥基复合材料体系在水化反应过程中，从水化产物角度进行解析，反应有相似之处，根据灰度特征值和 SCMs 的形貌特征，易于将复杂胶凝体系中的物相进行定性区分。体系内部反应是一个动态的过程，BSEI 反映了横切剖面水化某一时刻的反应形貌，对水泥基复合材料的研究具有重要意义。

3.4　智能图像分析

水泥基复合材料微观图像含有大量的胶凝材料水化进程的相关信息，合适的处理方法能够帮助研究者理解复杂胶凝体系的水化形貌演化、水化进程。传统图像分析法受限于图像的放大倍率、灰度和亮度，智能技术旨在提供一种和人类视觉媲美的识别技术，避免研究者从事重复、烦琐的工作。

2001 年，Dequiedt 等[17]提出了一种使用统计和形态学图像分析工具（如共生矩阵、简单协方差和交叉协方差）进行混凝土 SEM 图像处理的方法，以了解混凝土中的相色散。同年，Yang 等[18]通过结合灰度阈值、滤波和二元运算，提出了对特定放大倍率的 SEM 具体图像中的聚集体进行二元分割。利用文献[19]提出的点计数技术，确定在 SEM 图像上叠加网格的水化程度，并手动计算每个网格单元的相位。2004 年，Wong 等[20]提出了从 BSEI 中对水泥基复合材料进行毛细管孔隙分割的“溢出”方法，其中孔隙率阈值是从累积亮度直方图的拐点中选择的。后来该学者提出了一种基于阈值的图像分析方法，用于确定硅酸盐水泥基复合材料的水灰比、水泥用量和水化程度。在该方法中，未反应水泥的阈值是从亮度直方图的水化产物峰与未反应水泥之间的最小值获得的。尽管这些阈值模型产生的误差很小，但结果受图像放大倍率、分辨率和亮度的影响很大。2014 年，Yazdi 等[21]提出了一种使用纹理分析的具体图像分割，其中使用灰度共现矩阵计算对比度、能量、均匀性和熵等特征来训练分类器。2016 年，Gaël 等[22]提出了一种基于图像直方图的粒子群优化（PSO）技术进行混凝土 SEM 图像分割的方法。该方法涉及大量的过滤器，例如孔填充、形态和最小粒径。由于该 PSO 算法依赖于图像直方图，因此它容易受亮度和对比度等图像质量的影响。2019 年，Edwin 等[23]提出了一种基于阈值的分割方法，用于定量分析活性粉末的孔隙率，以及使用 BSE-SEM 图像的混凝土。在该方法中，上限阈值是通过绘制在区域分割阈值和灰度值阈值之间的曲线的交点获得的。而下限阈值由灰度决定，该灰度值对应于假设的最小孔隙率为 1%。基本上，该方法是 Wong 提出的量化孔隙率的方法的扩展，并用压汞法（MIP）验证结果。这种方法对图像放大倍率、灰度和亮度的影响很大。

目前，使用基于深度学习对水泥材料进行相分割的研究几乎仅限于混凝土岩相的图像分割[24]、水泥基复合材料的 X 射线计算机断层扫描[25]以及水泥浆体 BSEI 中水泥颗粒的分割[26]，此外，对混凝土各相的识别分类[27]，神经网络模型表现出优越的性能但是缺乏实验验证，分析得到的水化程度以及孔隙率值缺乏实际实验的辅证。此外，深度学习方法需要使用图像的标签数据集，在现有的研究中，图像的标签制作方法准确与否是数据集的一项重要指标，这项指标很少有研究会讨论。深度学习网络的成功取决于高质量的标记训练数据，因为训练数据中存在标签错误会降低模型在测试数据上的准确性。因此，使用深度学习网络进行图像分割时，该方法应和多种试验手段进行比对，以验证其模型效果和模型数据的真实性。

对于水泥基复合材料硬化浆体而言，图像中含有复杂、多元的微颗粒，为标签制作提供了难题。如果想要实现图像的全局分割，势必要牺牲物相识别的精度，目前现有的研究中多数只把一种物相作为图像感兴趣区（region of interest，ROI），ROI 指的是图像或视频中需要特别关注或处理的区域，而将剩余物相统一视作背景。识别水泥物相种类最多的是 Bangaru[28]提出的方法，实现了骨料、水化产物、孔隙、未水化水泥颗粒四种物相的分割。他使用的 ImageJ 是一款用于处理和分析科学图像的公共领域软件，有很多包括 FIJI（Fiji is just ImageJ）在内的衍生版本。自 1997 年以来由美国国立卫生研究院（NIH）的 Wayne Rasband 一直在不断开发，他所提出的方法，为多组分水泥基胶凝材料识别与分割提供了有力的支撑。

在不同的拍摄条件下，同种物质的灰度特征在不同的 BSEI 中依然具有重复性，因此可用于物相的定量统计分析。本节在背散射图像分析法（backscatter electron image analysis，BSEIA）中引入 ML 方法，形成一套用于水泥材料微观结构的物相分类分割及定量分析方法，再根据像素分割的结果计算多组分胶凝材料的水化程度及孔隙率，从微观结构角度定性研究多组分胶凝材料的复杂水化进程。

3.4.1　BSEIA-ML 方法

对于水泥基复合材料而言，最复杂的 BSEI 中含有 5 种不同的物相，为了平衡识别精度与试验时效，在不牺牲识别精度且解决灰度特征重叠的分类难题下，建议采用 1~2 种物相作为研究的 ROI，其余物相作为背景，在像素标记后采用分类算法进行分类分割，得到预测的结果后与其他试验方法联合比对，效率更高，且更有利于后续和强度建立关联模型分析研究的展开。代码实现在由 Arganda-Carreras 等[29]研发的插件 TWS 上，该插件内置于基于 JAVA 语言环境的 FIJI 中，专用于电镜图像的处理与分析，且可拓展应用于 2D、3D 等彩色图像中，集成了图像张量转换算法、研究提出至今的所有分类算法，实现了全流程的标记、训练、预测与分割，极大地节省了研究者运用 ML 方法的时间成本，背散射图像分析-机器学习法（backscatter electron image analysis-machine learning，BSEIA-ML）方法流程图如图 3.10 所示，下面对流程中的几个部分展开详细描述。

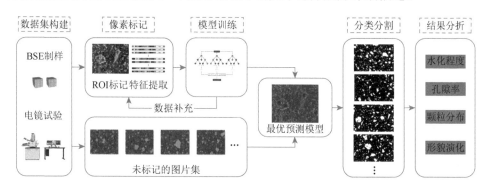

图 3.10　BSEIA-ML 方法流程图

扫描封底二维码获取彩图

1. 数据集构建

试验获取的 BSEI 带有底部信息标签，在图像进行分析前需将图像标签信息裁剪。为节省处理时间，编写代码指令，用 FIJI 对本次试验的所有 BSEI 进行批量裁剪，裁剪后的图像分辨率为 1536×1024（图 3.11）。同一龄期的同个样品所获得的 BSEI 被汇总至一个文件夹中等待进行批量训练。

2. 像素标记

像素标记是指特征提取及 ROI 标记。机器视觉、图像处理中，将被处理的图像以方框、圆、椭圆、不规则多边形等方式勾勒出需要处理的区域，称为图像感

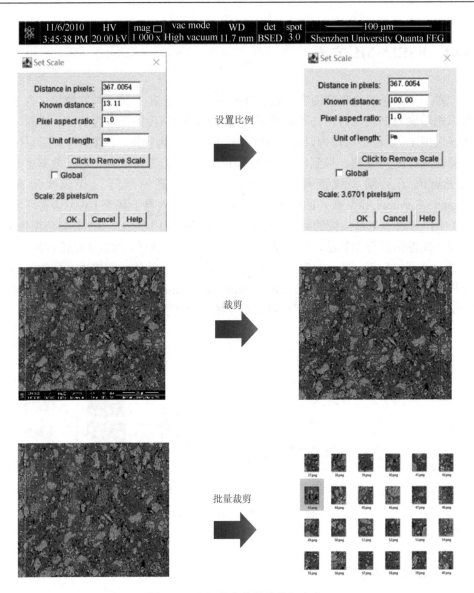

图 3.11　底部信息批量裁剪与命名

兴趣区（ROI）。选取合适的 ROI 有助于对物相进行更加精确的量化与识别。经研究发现，同张 BSEI 中识别的物相种类越多，全局分割的效果越不佳，全局域分割得到的效果含噪声较多，物相杂乱。故将待分割的同种胶凝材料作为 ROI 进行标记，标记采用框选、点选、划线三种手段，目的是提供分类的标签。类的标签可命名为类 0、类 1，以此类推。

　　为实现进一步的分类训练，需对原始 BSEI 进行特征提取，对特征进行编码，并进行空间约束，等待 ML 分类器算法的读取。特征提取是指从图像中按照固定步长、尺度大量提取局部特征描述，常用的局部特征包括尺度不变换特征转换（scale-invariant feature transform，SIFT）、方向梯度直方图（histogram of oriented gradient，HOG）、局部二值模式（local binary pattern，LBP）等。而底层特征中包含了大量的冗余和噪声，为了提高特征表达的鲁棒性，需要采取特征变换算法对底层特征进行编码（即特征编码），常用的特征编码方法包括向量量化编码、稀疏编码、局部线性约束编码等。特征编码后，需要进行空间特征约束（即特征汇聚），在一个空间范围内，对每一维特征取最大值或平均值，以获得一定特征不变形的特征表达。

　　研究发现，并非盲目选取越多的特征就能让识别模型性能更好，事实上，若采用不合适的特征，往往取得事倍功半的效果，导致模型的分类效果较差。经反复调试，研究采用了 GaussionBlur、Median、Minimum、Maximum、Variance、Sobel Filter。GaussionBlur 使用一个高斯函数进行卷积，从而实现平滑效果。Median 将像素替换为周围点的平均像素值，从而实现去噪效果。Minimum 将像素替换为周围点的最小值，从而实现灰度腐蚀。Maximum 将像素替换为周围点的最大值从而实现灰度膨胀。Variance 将每个像素替换为邻居的方差，从而高亮边缘。Sobel Filter 是一种边缘检测算子，边缘检测大幅度减小了数据量，既能剔除不相关信息，也保留了图像重要的结构属性（图 3.12）。

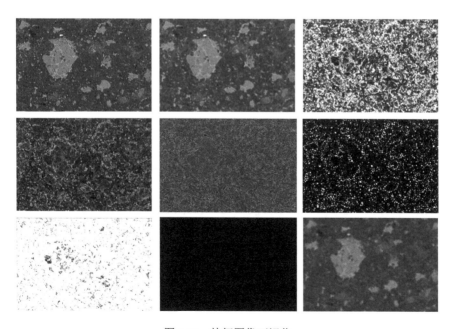

图 3.12　特征图像可视化

提取图像全部特征后，需要对所分割的部分进行 ROI 标记（图 3.13）。以此为辨认依据，赋予不同物相的原始标签。

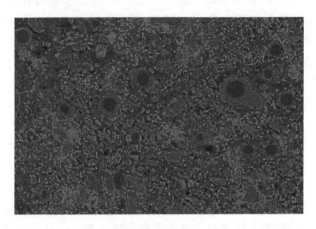

图 3.13 ROI 标记

3. 模型训练

ML 模型的优势在于能够快速实现图像物相的分类，该操作具有可重复性，极大提高了图像处理的效率。常用的图像分类算法有 SVM、KNN、NBM、CNN、RF 等。Wolpert[28]提出的"没有免费午餐"定理指出，没有一种算法能适用于所有可能的情况和数据集。在方法选取上，应寻找与待研究问题最佳匹配的 ML 模型，针对特定的分类问题采用表现最优的算法进行解决，并得到相应的输出。选择合适的算法能够极大提升算法的性能及预测的准确性。前述提到，TWS 的 Explorer 中集成了所有分类算法供使用者调用，研究先在水化龄期为 3 d 的 5 种样品获得的 BSEI 中进行训练，采用了 4 种不同算法进行预测试。样本实例由一张 BSEI 中被标记的像素个数组成，并存成 arff 文件格式供计算机读取，采用十折交叉验证进行分类，从算法模型的 ROC、召回率、准确率指标进行初步的算法模型性能效果评估。

根据模型的表现结果，选取性能稳定、计算较快的 RF 算法作为本书的图像分类算法进行建模。RF 算法起源于单棵决策树（decision tree，DT）的产生。在已知问题答案以及不限制树的深度的情况下，单棵 DT 能作出很好的决策，然而 ML 模型的目标是对全新的未见过的数据表现出很好的泛化。一棵 DT 的生长将随着训练数据的不同而变化很大，解决办法就是训练若干棵这样的决策树组成一个集合模型，让若干棵决策树进行投票从而决定最终的分类结果，由此构成了 RF 算法思想的核心。

作为一种经典的集成学习算法，RF 将成百上千棵决策树（DT）组成在一起，在略微不同的观察集上训练每棵 DT，每棵 DT 中考虑有限数量的特征来拆分节点，最终预测通过平均每棵 DT 的预测而得到。森林中的 DT 在生长过程中，采取自展法（bootstrapping）来构建数据的子集，换言之，对向量数据进行有放回式的行采样，用于单棵树的分裂。每棵树的特征选择也是随机的，一般取特征数的算数平方根数。该算法具有能处理很高维度数据的优势，并且无须进行特征选择。每棵树随机选择样本与特征，具有良好的抗造能力，性能稳定。每棵树因为有放回抽样，只选择了部分样本，一定程度避免了过拟合。

值得注意的是，ML 领域中存在一种"没有最好只有更好"的理论，即为在解决目标问题过程中不断地可以发现新的更好的方法。在本书中，由于不同拍摄条件下得到的 BSEI 对比度有差异，对图像分类器的效果有一定程度的影响。尽管上述问题可以使用 DL 方法解决，经过训练的 DL 模型可以和人类视觉媲美且不受图形对比度的影响，例如，可以采用 U-net 典型的神经网络架构对胶凝颗粒进行语义分割，经研究发现制作标签的耗时成本过高，经考虑，由于同一龄期同种样品的对比度是一致的，仅需对同一龄期的同种样品建立相应的分类模型即可。本书旨在提供一种具有普适性的快速识别胶凝颗粒并分割的方法，一定程度上减少 BSEI 处理的时间，故在平衡训练时效后选用了 ML 模型。

研究为了确保物相分割效果准确，特针对不同龄期、不同组别的胶凝材料BSEI 逐一进行分类训练，模型参数设置见表 3.4。模型训练过程中，可以根据训练结果调整样本实例数，直到训练至满意的结果。

表 3.4　RF 算法模型编号及参数设置

模型编号	样本 1	样本 2	决策树数量/棵	特征数量/个	节点属性	OOB error	OOB Score
PC1-3d	57 800	15 292	200	81	9	0.23%	99.77%
PC1-7d	52 585	37 907	200	81	9	0.93%	99.07%
PC1-28d	25 208	40 144	200	81	9	0.02%	99.98%
PC2-3d	27 145	170 191	200	91	10	0.01%	99.99%
PC2-7d	40 547	167 911	200	94	10	0.04%	99.96%
PC2-28d	52 202	66 084	200	94	11	0.01%	99.99%
PC3-3d	27 473	87 309	200	91	10	0.16%	99.84%
PC3-7d	22 134	94 263	200	91	10	0.01%	99.99%
PC3-28d	17 216	103 426	200	94	10	0.01%	99.99%
PC4-3d	73 666	155 374	200	94	10	0.19%	99.81%
PC4-7d	56 596	116 176	200	94	10	0.14%	99.86%

模型编号	样本 1	样本 2	决策树数量/棵	特征数量/个	节点属性	OOB error	OOB Score
PC4-28d	11 872	67 128	200	94	10	0.02%	99.98%
PC5-3d	31 904	85 154	200	91	10	0.95%	99.05%
PC5-7d	13 264	243 988	200	94	10	0.07%	99.93%
PC5-28d	6 722	169 288	200	91	10	0.67%	99.33%
BFS3-3d	25 599	202 757	240	91	10	0.62%	99.38%
BFS3-7d	7 180	207 816	240	91	10	0.13%	99.87%
BFS3-28d	3 475	15 729	240	91	10	0.07%	99.93%
BFS4-3d	30 774	328 371	240	91	10	0.52%	99.48%
BFS4-7d	22 338	236 798	240	91	10	0.30%	99.70%
BFS4-28d	14 810	319 380	240	94	10	0.12%	99.88%
BFS5-3d	33 901	291 071	240	94	10	0.64%	99.36%
BFS5-7d	24 309	234 580	240	94	10	0.32%	99.78%
BFS5-28d	18 606	231 782	240	94	10	0.36%	99.64%
FA4-3d	69 046	189 182	240	94	11	0.96%	99.04%
FA4-7d	21 367	112 325	240	94	11	0.38%	99.62%
FA4-28d	5 105	65 958	200	89	10	0.11%	99.89%
FA5-3d	69 835	37 590	200	89	10	0.81%	99.19%
FA5-7d	54 531	102 404	240	91	11	0.75%	99.25%
FA5-28d	14 157	208 864	240	94	11	0.13%	99.87%

注：模型编号采用胶凝材料种类样品编号-龄期方式进行命名。

4. 分类分割和结果分析

将训练的模型保存后，应用在同龄期同一样品获得的图像数据集上，同一批数据集确保大于 20 张图片，批量训练通过基于 JAVA 语言的代码实现，模型预测得到的图片为 RGB 图，转换为灰度图像后，调整图像阈值，转换为二值图。预测得到的结果仍存在一定的噪声，故需去除图像的噪点。对图像进行异常值去除处理，处理的原理为移除像素周围的异常值，经处理后图像的二值图效果如图 3.14 所示。

3.4.2　胶凝颗粒水化程度分析

在不同的拍摄条件下，同种物质的灰度特征在不同的 BSEI 中依然具有重复性，因此可用于物相的定量统计分析。在 20 世纪 80 年代初，Scrivener[15]采用背散射电

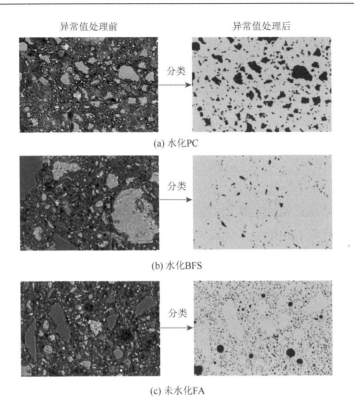

图 3.14　预测效果

子定量研究水泥水化程度，由此背散射电子定量分析技术成为水泥基复合材料定量分析的有力手段。根据平面立体学及统计学原理[30]，在足够小的图像视野中，二维截面的面积分数近似等于三维空间的体积。计算 BSEI 中未水化胶凝材料的面积分数，可以得出其体积分数。根据取得的分割结果，对图像进行进一步处理，处理流程如图 3.15 所示。

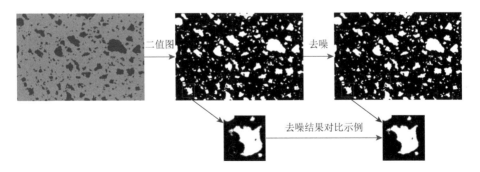

图 3.15　二值图处理流程

对 BSEI 中未水化的胶凝材料用量进行统计，计算各组分的水化程度：

$$V_{(0)bi}(\%) = \frac{\dfrac{m_{bi}}{\rho_{bi}}}{\dfrac{m_{b1}}{\rho_{b1}} + \cdots + \dfrac{m_{bi}}{\rho_{bi}} + \cdots + \dfrac{m_{H_2O}}{\rho_{H_2O}}} \qquad (3.1)$$

$$\alpha_{bi}(\%) = \left\{ 1 - \frac{V_{(t)bi}}{V_{(0)bi} \cdot k_v} \right\} \qquad (3.2)$$

式中，$V_{(0)bi}$ 为水化初始时刻第 i 种胶凝组分占水化浆体的体积分数；$i = 1, 2, \cdots, n$，1 代表 PC，2 代表 GGBFS，3 代表 FA；m_{bi} 为水化体系第 i 种胶凝组分质量分数；ρ_{bi} 为水化体系第 i 种胶凝组分真密度；α_{bi} 为水化 t 时刻第 i 种胶凝组分水化程度；$V_{(t)bi}$ 为水化 t 时刻浆体中第 i 种胶凝组分未水化的体积分数；k_v 代表浆体拌合过程中引入气泡及浆体水化硬化后的体积变化，当拌合浆体流动性良好且振捣充分时，引入的气泡考虑不记，标准养护下的体积变化不大，故 k_v 取 1。同一样品的面积分数取 20 张图片的平均值，得到各龄期样品未水化胶凝材料体积分数 $V_{(t)bi}$ 及水化程度见表 3.5，绘制成折线图如图 3.16 所示。

表 3.5　各龄期样品未水化胶凝材料体积分数及胶凝材料水化程度 （单位：%）

编号	$V_{(0)}$	$V_{(3)}$	$V_{(7)}$	$V_{(28)}$	$\alpha_{(3)}$	$\alpha_{(7)}$	$\alpha_{(28)}$
PC1	44.56	20.94	17.68	14.47	53.00	60.32	67.5
PC2	35.09	16.63	13.42	11.24	52.61	61.76	67.97
PC3	26.11	12.39	7.73	6.43	52.55	0.39	75.37
PC4	17.02	7.18	5.00	4.26	57.81	70.62	74.97
PC5	8.32	3.10	2.10	1.74	62.74	74.76	79.08
GGBFS3	4.37	2.83	2.74	2.49	32.24	37.30	43.02
GGBFS4	8.54	6.27	5.89	5.50	26.58	31.03	35.60
GGBFS5	12.52	9.98	9.10	8.74	20.28	27.32	30.19
FA4	11.50	10.12	9.25	8.29	12.00	19.57	27.91
FA5	22.50	20.32	19.36	17.35	9.69	13.96	22.89

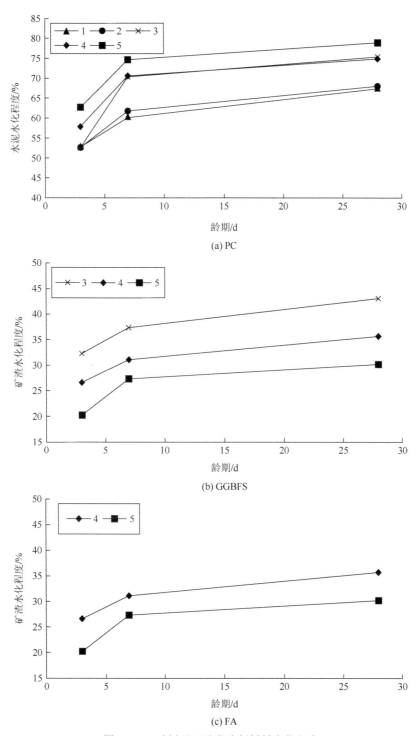

(a) PC

(b) GGBFS

(c) FA

图 3.16　t 时刻不同种类胶凝材料水化程度

　　图像分析得到的结果为半试验半理论值，因此需结合一定试验手段进行验证。化学结合水是表征硬化水泥浆体反应程度的传统试验手段，该方法操作简单，测量方便，安全无毒。水是硬化水泥浆体的重要组成部分，化学结合水测量需要将浆体的结合水完全去除，仅采用干燥手段时不会失去，需要高温分解才能够释放，因此被用来表征水泥材料的水化程度。该方法仅能在一定程度上反映胶凝材料的总反应程度，或用于单一组分胶凝材料水化进程量化[5]。

　　根据文献中化学结合水测试方法提到的普通升温法，直接升温至 105℃，记为 m_{105}，在马弗炉中以 1050℃进行灼烧，灼烧至恒重称重，记为 m_{1050}，取二者的湿重作为样品的化学结合水含量。然而，根据差热和热重分析试验研究发现，烘干温度和灼烧载具都会对试验结果造成影响，例如，在烘干温度方面，当温度为 90~120℃时 C-S-H 凝胶就发生分解，一定程度上影响试验结果[13]。

　　经反复试验，本书取硬化的水泥浆体试块，用金刚石切割机进行切割，将切割后的水泥浆体用无水乙醇或丙酮等有机试剂终止水化后，将切好的部分研磨成粉，取 80℃作为烘干温度，再称取 1 g 样品在鼓风干燥箱中进行烘干，烘干至恒重后称重，记为 m_{80}。将烘干后的样品移入马弗炉中，取 1050℃作为灼烧温度，分段升温加热，灼烧至恒重，冷却至室温后取出称重，记为 m_{1050}。此外，在计算化学结合水含量时，考虑胶凝材料自身烧失。具体计算方法如下。

$$W_n = \frac{\dfrac{m_{80} - m_{1050}}{m_{1050}} - L_n}{1 - L_n} \tag{3.3}$$

$$L_n = (1 - \alpha_{PC} - \alpha_{FA} - \alpha_S - \alpha_{QS})L_{PC} + \alpha_{FA}L_{FA} + \alpha_{FA}L_{FA} + \alpha_{FA}L_{FA} \tag{3.4}$$

式中，L_{PC}、L_{FA} 分别表示水泥和粉煤灰的烧失量，α_{PC}、α_{FA}、α_S、α_{QS} 分别为水泥、粉煤灰、矿渣、石英砂在复合胶凝材料体系中的质量分数。每个试块做三次平行试验，结果取其算术平均值。实验结果见表 3.6，绘制成折线图如图 3.17 所示。

表 3.6　化学结合水含量随龄期变化　　　　　　　（单位：%）

编号	化学结合水含量		
	3 d	7 d	28 d
1	14.87	16.91	20.42
2	13.85	15.45	18.88
3	12.35	14.12	17.86
4	11.63	13.58	17.60
5	10.80	12.53	16.27

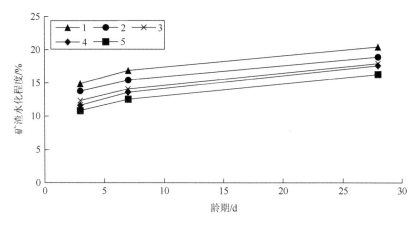

图 3.17　胶凝材料不同龄期化学结合水含量

根据图 3.17，PC 体系和复合胶凝材料体系的化学结合水含量变化规律表现为早期反应速率较快，后期增长缓慢。3 d 龄期的化学结合水含量达到 28 d 龄期的 66.3%~76.3%，7 d 达到 81.8%~85.2%，说明在水化早期 3 d 和 7 d 时，胶凝体系的总反应程度已经达到较高水平。PC 体系的化学结合水含量明显高于其余组别，这是由于 PC 反应时结合水的能力较强。编号 3 的化学结合水含量最低，说明胶凝体系的整体反应程度较低，编号 3 号中掺入了 30% 的 QS，所含活性胶凝材料的量也是所有组别中最低的，100 g 胶材中在水充足的情况下，仅有 70 g 能够参加反应，其中还包含未参与水化反应的胶凝材料，故化学结合水含量从整体来看是最低的。

在浆体硬化龄期为 3 d 时，单掺 QS 的编号 2 与复掺 QS、FA、S 的编号 4 化学结合水含量非常接近，根据胶材体系具有的活性胶凝材料含量进行分析，编号 2 和编号 4 均具有 80% 的活性材料和 20% 的惰性材料，在早期其总体的水化反应区别不大，分析其原因可能是胶材掺入了既有低活性的 FA，也有较高活性的 S，矿渣早期的活性反应弥补了粉煤灰的掺入。而在水化到达 28 d 龄期时，编号 4 的化学结合水含量比编号 2 更高，C-S-H 凝胶为 FA 和 GGBFS 的反应提供了碱性环境，在后期这两种 SCMs 的反应比水化早期的反应程度更高。对于大掺量 FA 组编号 5，提升了活性胶凝材料的含量，降低了惰性材料的掺量，总体活性胶凝材料占 90%。对比编号 4 和编号 5，FA 掺量越多，体系化学结合水含量越低，符合 FA 低火山灰性活性的特性。

3.4.3　误差分析

BSEIA-ML 方法能够实现对水泥基复合材料复杂胶凝体系的物相分割，以实现物相定量分析、水化程度、孔隙率的定量计算，得到半理论半试验的结果。为验证该方法的可靠性，需将半理论半试验的结果与试验结果进行对比。XRD 作为一种物相定量分析的手段，被广泛应用在水泥基复合材料组分的定量表征中，然而本书的样品含有较多粗颗粒石英砂，样品粉磨难以达到 XRD 的测试要求。故上述两种方法并非适合研究的对比方法。基于本章中对水泥体系基础水化特性的测试，得出了水泥体系整体化学结合水含量随龄期的变化，因此，可以通过各组分反应程度及其对应生成的理论化学结合水含量，与试验值进行对比，验证 BSEIA-ML 方法的可靠性。

经过研究将粉煤灰的水化反应表示为公式（3.5）～公式（3.7）：

$$3CH + 2S \longrightarrow C_3S_2H_3 \tag{3.5}$$

$$A + CSH_2 + 3CH + 7H \longrightarrow C_4ASH_{12} \tag{3.6}$$

$$A + 4CH + 9H \longrightarrow C_4ASH_{13} \tag{3.7}$$

式中，A 代表 Al_2O_3；S 代表 SiO_2；CH 代表 $Ca(OH)_2$。

根据文献[30]可以得出 FA 粉煤灰完全反应生成的化学结合水 $W_{ne}\infty$：

$$W_{ne}\infty = 1.236 f_A \gamma_A \tag{3.8}$$

式中，f_A 代表 Al_2O_3 的质量分数；γ_A 代表发生反应氧化物的比例，取值 0.73。根据试验原材料化学成分计算得到 FA 的理论化学结合水含量 0.266 g/g。

矿渣的水化过程非常复杂，没有明确的方程式。一般通过试验得到。普通矿渣完全水化产生的化学结合水含量 $W_{ne}\infty$ 约为 0.3 g/g。

结合反应程度可以计算出化学结合水含量，并与实测结果比较，如图 3.18 所示。作差得到表 3.7，根据对比结果，半试验半理论计算得到的化学结合水量的误差范围在 7%以内。

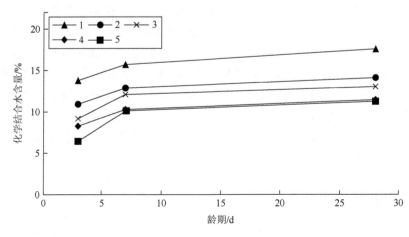

图 3.18　理论化学结合水含量

表 3.7　化学结合水含量误差　　　　（单位：%）

编号	化学结合水含量		
	3 d	7 d	28 d
1	1.09	1.23	2.86
2	2.91	2.60	4.74
3	3.19	2.02	4.81
4	3.38	3.33	6.18
5	4.33	2.37	5.02

纯水泥样品结果误差较小，而掺有矿物掺合料的组结果误差较大。可能由以下几方面导致：①化学结合水含量本身是一个范围较广的定义，试验中所选择的温度参数对结果有很大的影响。试验中，80℃条件干燥 24 h 不足以烘干硬化浆体内部的自由水。②由于水泥在反应时，各物相并非均匀参与反应，因此水泥的化学结合水计算较为清晰，而矿物掺合料的反应机理并不如反应式所示的明确，采用简化计算或者经验参数的方法，使得掺合料的理论化学结合水计算结果偏低。综上三点考虑，通过 BSEI 测试得到的化学结合水、孔隙率值会略小于实际值。

3.5　本　章　小　结

本章首先参考紧密颗粒堆积模型，对水泥基复合材料配合比进行设计。优化了 BSE 制样流程，根据水泥浆体微观结构特点及灰度特性，将批量拍摄的 BSEI 制作成数据集对比分类算法模型的性能，选取适合于本书数据集的 ML 方法，建立物相分类分割的 BSEIA-ML 方法，实现物相的识别、分类与分割。并阐述了该方法的具体流程，包括数据集构建、像素标记、模型训练、分类分割和结果分析。

其次根据建立的分析方法研究了纯硅酸盐水泥体系中的水泥颗粒及复合胶凝体系中各胶凝材料的水化程度，并和传统试验方法得到的实测结果进行对比，验证该方法的可靠性，并进行误差分析和方法局限性的总结。本章提供了一种可用于水泥体系背散射微观电镜图像的可训练式像素级物相分类分割方法，将图像的特征进行了提取及可视化，转化成了随机森林算法可读取的张量，进行了像素分类分割。该方法在纯硅酸盐水泥体系与水泥基复合材料体系中均得到了较好的训练与识别效果。

最后将预测结果转化成了灰度图，用阈值转换成二值图进行面积分数处理。根据平面立体学方法将面积分数转换为体积分数，量化了不同活性胶凝材料包括 PC、FA、S 的水化程度。试验发现，在纯水水泥体系与水泥基复合材料体系中，PC 颗粒的反应程度均是最高的，高于 FA 和 S，并且整体上随着掺量减小，反应程度出现提升趋势。S 的反应程度整体上比 FA 更高，是由于其粒径小，化学活性高于 FA。矿物掺合料的稀释效应以及水化反应可以促进水泥水化，提高水泥的反应程度，从而提高胶凝材料的利用率。本章还对试验进行了误差分析验证方法的可行性分析，总结了 BSEIA 方法和传统化学结合水方法得到的结果的误差来源。理论计算得到的结果和 BSEIA 法得到的结果差值在 5%以内，为容许误差 8%～10%内，验证了该方法的有效性。

参 考 文 献

[1] Chatterji S, Jeffery J W. Three-dimensional arrangement of hydration products in set cement paste[J]. Nature, 1966, 209 (5029): 1233-1234.

[2] 米贵东. 多组分复合胶凝材料体系水化性能研究[D]. 北京: 清华大学, 2016.

[3] Horsfield A P. A theoretical investigation into electronic structure and cohesion in heterostructures[M]. Ithaca: Cornell University, 1991.

[4] Kummerfeld J K, Hudson T S, Harrowell P. The densest packing of AB binary hard-sphere homogeneous compounds across all size ratios[J]. The Journal of Physical Chemistry B, 2008, 112 (35): 10773-10776.

[5] Aim R B, Le Goff P. Effet de paroi dans les empilements désordonnés de sphères et application à la porosité de mélanges binaires[J]. Powder Technology, 1968, 1 (5): 281-290.

[6] Tsivilis S, Chaniotakis E, Badogiannis E, et al. A study on the parameters affecting the properties of Portland limestone cements[J]. Cement and Concrete Composites, 1999, 21 (2): 107-116.

[7] Tsivilis S, Sotiriadis K, Skaropoulou A. Thaumasite form of sulfate attack (TSA) in limestone cement pastes[J]. Journal of the European Ceramic Society, 2007, 27 (2-3): 1711-1714.

[8] Perraki T, Kontori E, Tsivilis S, et al. The effect of zeolite on the properties and hydration of blended cements[J]. Cement and Concrete Composites, 2010, 32 (2): 128-133.

[9] Fuller W B, Thompson S E. The laws of proportioning concrete[J]. Transactions of the American Society of Civil Engineers, 1907, 59 (2): 67-143.

[10] Ellerbrock H G, Sprung S, Kuhlmann K. Particle size distribution and properties of cement: III, Influence of the grinding process[J]. ZKG International, Edition B, 1990, 43 (1): 13-19.

[11] Johansen V. Particle packing and concrete properties[J]. Materials Science of Concrete II, 1991: 111-147.

[12] Dinger D R, Funk J E. Particle packing. III: Discrete versus continuous particle sizes[J]. Interceram, 1992, 41 (5): 332-334.

[13] 王培铭, 丰曙霞, 刘贤萍. 用于背散射电子图像分析的水泥浆体抛光样品制备[J]. 硅酸盐学报, 2013, 41 (2): 211-217.

[14] Liu Y M, Chen S J, Sagoe-Crentsil K, et al. Evolution of tricalcium silicate (C3S) hydration based on image analysis of microstructural observations obtained via Field's metal intrusion[J]. Materials Characterization, 2021, 181: 111457.

[15] Scrivener K L. Backscattered electron imaging of cementitious microstructures: Understanding and quantification[J]. Cement and Concrete Composites, 2004, 26 (8): 935-945.

[16] 李响. 复合水泥基材料水化性能与浆体微观结构稳定性[D]. 北京: 清华大学, 2010.

[17] Dequiedt A S, Coster M, Chermant L, et al. Study of phase dispersion in concrete by image analysis[J]. Cement

and Concrete Composites，2001，23（2-3）：215-226.

[18]　Yang R，Buenfeld N R. Binary segmentation of aggregate in SEM image analysis of concrete[J]. Cement and Concrete Research，2001，31（3）：437-441.

[19]　Feng X，Garboczi E J，Bentz D P，et al. Estimation of the degree of hydration of blended cement pastes by a scanning electron microscope point-counting procedure[J]. Cement and Concrete Research，2004，34（10）：1787-1793.

[20]　Wong H S，Head M K，Buenfeld N R. Pore segmentation of cement-based materials from backscattered electron images[J]. Cement and Concrete Research，2006，36（6）：1083-1090.

[21]　Yazdi M，Sarafrazi K. Automated segmentation of concrete images into microstructures：A comparative study[J]. Computers and Concrete，2014，14（3）：315-325.

[22]　Gaël B，Christelle T，Gilles E，et al. Determination of the proportion of anhydrous cement using SEM image analysis[J]. Construction and Building Materials，2016，126：157-164.

[23]　Edwin R S，Mushthofa M，Gruyaert E，et al. Quantitative analysis on porosity of reactive powder concrete based on automated analysis of back-scattered-electron images[J]. Cement and Concrete Composites，2019，96：1-10.

[24]　Qian H J，Li Y，Yang J F，et al. Segmentation and analysis of cement particles in cement paste with deep learning[J]. Cement and Concrete Composites，2023，136：104819.

[25]　Song Y，Huang Z L，Shen C Y，et al. Deep learning-based automated image segmentation for concrete petrographic analysis[J]. Cement and Concrete Research，2020，135：106118.

[26]　Sheiati S，Nguyen H，Kinnunen P，et al. Cementitious phase quantification using deep learning[J]. Cement and Concrete Research，2023，172：107231.

[27]　Li P G，Zhao W H，Fu C S，et al. Segmentation of backscattered electron images of cement-based materials using lightweight U-Net with attention mechanism（LWAU-Net）[J]. Journal of Building Engineering，2023，77：107547.

[28]　Bangaru S S，Wang C，Zhou X，et al. Scanning electron microscopy (SEM) image segmentation for microstructure analysis of concrete using U-net convolutional neural network[J]. Automation in Construction，2022，144：104602.

[29]　Arganda-Carreras I，Kaynig V，Rueden C，et al. Trainable Weka Segmentation：A machine learning tool for microscopy pixel classification[J]. Bioinformatics，2017，33(15)：2424-2426.

[30]　Wolpert D H. The supervised learning no-free-lunch theorems[J]. Soft Computing and Industry：Recent Applications，2002：25-42.

第4章 水泥基复合材料宏观性能智能化预测模型构建技术

4.1 引 言

HPC[1]作为水泥基复合材料的一种，具有独特的性能，如较高的强度、流动性和耐久性等，能显著降低劳动成本，提高施工效率，同时减少施工噪声，为建筑行业带来了革命性的变革[2, 3]。

HPC 的设计要求较高，通常含有比传统混凝土更多的胶凝材料，以确保足够的流动性和密实性。根据欧洲（EFNARC-2005）、美国（ACI237R-07），以及中国（JGJ/T 283—2012）的相关规范，HPC 的胶凝材料用量通常在 550~600 kg/m^3。为减轻高胶凝材料用量可能带来的环境和经济负担，粉煤灰和石灰石粉等辅助胶凝材料被广泛用于替代部分水泥。这些材料不仅优化了混凝土的工作性能，还有助于提高其后期力学性能和耐久性[4]。

尽管 HPC 具有优越性能，但其设计过程较为复杂。传统设计方法依赖经验和试错，不仅耗时耗力，而且难以应对复杂设计需求。随着信息技术的发展，ML技术已被引入混凝土研究领域，可为混凝土研究、设计提供高效的解决方案[5]。ML 通过分析大量数据，学习材料性能与配合比之间的复杂关系，能够在没有明确理论模型的情况下，准确预测混凝土的各项性能。

在众多 ML 模型中，ANN、SVM 和 RF 是最常用的几种模型。ANN 模型因其强大的非线性映射能力而广泛应用于复杂性能预测，但其在小样本数据处理上的不稳定性及模型透明度低的问题也不容忽视。相比之下，SVM 模型在处理小样本数据时更为稳定，其优化目标为全局最优，使模型在泛化性能上通常优于 ANN 模型。RF 模型作为一种集成学习方法，通过构建多棵决策树并进行综合判断，显著提高了预测的准确性和鲁棒性，尤其在处理带有噪声的复杂数据集时表现出色。

本章旨在系统地研究基于可解释 ML 技术的 HPC 性能预测方法。通过构建和比较不同的 ML 模型，探索每种模型在具体应用中的优势和局限，通过模型的比较分析，为 HPC 配合比设计提供科学的工具。此外，结合 SHAP 等可解释算法，进一步解析模型预测的决策过程和各影响因素的贡献度，增强模型的透明度和可信度，为工程实践中的混凝土设计提供精确的理论支持。

4.2　水泥基复合材料性能智能化预测模型

4.2.1　自密实混凝土数据描述

表 4.1 展示了经过特征选择和异常值剔除后，最终用于预测流变、工作、力学和耐久性能的数据集中的特征和目标变量的统计值，指标包括标准差、最小值、最大值和平均值等。

表 4.1　数据集统计指标

特征	平均值	标准差	最小值	下四分位	中位	上四分位	最大值
水泥用量/(kg/m³)	326.3	93.2	135.0	250.0	328.0	386.0	600.0
水泥强度等级/MPa	45.6	4.7	32.5	42.5	42.5	52.5	52.5
石灰石粉用量/(kg/m³)	36.9	78.1	0.0	0.0	0.0	0.0	330.0
硅灰用量/(kg/m³)	13.0	19.4	0.0	0.0	0.0	26.0	82.5
粉煤灰用量/(kg/m³)	81.7	96.4	0.0	0.0	57.8	155.0	350.0
矿渣用量/(kg/m³)	20.7	52.2	0.0	0.0	0.0	0.0	270.0
偏高岭土用量/(kg/m³)	14.3	31.5	0.0	0.0	0.0	0.0	163.5
胶凝材料用量/(kg/m³)	512.6	64.1	360.0	454.5	514.0	550.0	678.1
砂用量/(kg/m³)	854.8	120.1	369.0	783.8	881.3	925.0	1 079.0
粗骨料用量/(kg/m³)	792.0	114.2	500.0	758.0	796.0	848.0	1 171.0
骨料最大粒径/mm	16.6	3.1	9.5	16.0	16.0	19.0	20.0
SP/B	0.009 9	0.008 5	0.000 0	0.004 0	0.008 0	0.012 9	0.045 0
W/B	0.43	0.11	0.08	0.35	0.42	0.50	0.87
引气剂用量/(kg/m³)	0.113 5	0.384 4	0.000 0	0.000 0	0.000 0	0.000 0	1.961 3
坍落扩展度/mm	664	58	520	650	650	704	880
L 型仪比值	0.85	0.15	0.20	0.80	0.89	0.96	1.00
V 型漏斗时间/s	17.40	16.44	3.00	8.74	13.15	22.11	177.00
离析率/%	10.53	9.83	0.76	3.19	7.08	14.95	51.20
屈服应力/Pa	48.7	36.2	3.8	18.4	35.0	81.2	133.0
塑性黏度/(Pa·s)	83.2	58.5	12.5	43.4	66.1	108.5	322.4
28 d 抗压强度/MPa	42.3	14.2	10.2	32.7	43.0	53.2	73.5
28 d RCP/C	2 297	1 580	205	1 130	2 018	3 084	6 900
孔隙率/%	10.33	5.66	2.70	4.65	9.85	15.73	20.50
吸水性/(mm/min^{1/2})	0.105 1	0.040 4	0.037 0	0.075 0	0.100 0	0.131 0	0.210 7

为了深入探究特征与目标变量（以 28 d 抗压强度和坍落扩展度为例）之间的关系，本章进行了数据可视化分析，部分结果展示于图 4.1 和图 4.2。考虑多个特征可能同时对目标变量产生影响，确定每个特征的独立影响具有一定难度。然

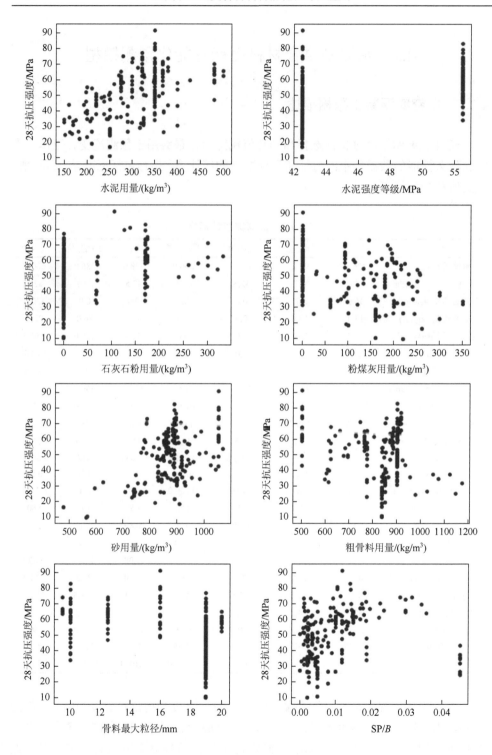

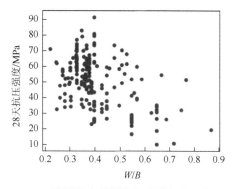

图 4.1　28 d 抗压强度数据集部分特征与目标分布图

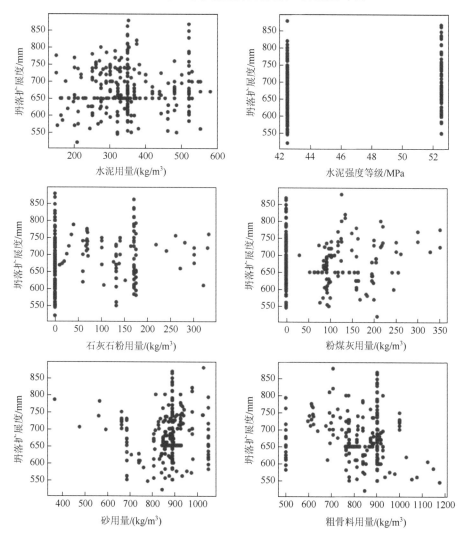

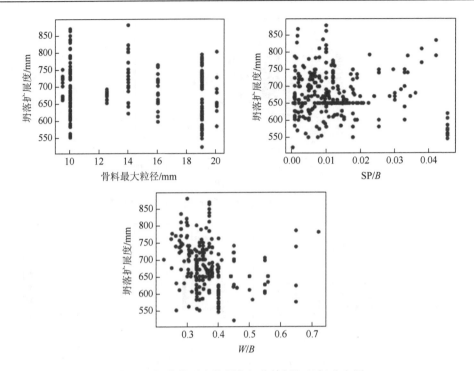

图 4.2　坍落扩展度数据集部分特征与目标分布图

而，如预期，图中清晰地展示了 28 d 抗压强度与 W/B、砂用量、水泥用量等特征之间的合理关联。例如，W/B 从 0.23 增加至 0.87 时，28 d 抗压强度从 71.2 MPa 降至 19.6 MPa。

　　尽管已进行广泛的文献调研和数据收集，但数据集中仍存在某些特征值的范围缺失。例如，水泥强度等级和最大粒径的数据并未完整收录。通常，使用的水泥强度等级是离散的，如 42.5 MPa 和 52.5 MPa；而 HPC 的最大粒径通常受限于诸如 16 mm 和 19 mm 等几个特定值。尽管有这些局限，这些特征与目标变量之间的相关性依然合理。此外，所收集的数据在每个特征上呈现广泛分布，确保数据集能够充分代表整体样本空间。

　　图 4.1 和图 4.2 也指出了需要进一步实验的特征值范围。研究人员可以通过识别并补充数据集中的缺失部分，确保数据集能全面代表整体样本空间，从而建立更具泛化能力的模型。

　　考虑某些特征可能存在相互依赖的情况，本章绘制了特征相关矩阵的热力图，分别展示于图 4.3 和图 4.4。特征之间高度正相关或负相关的系数可能导致预测结果不合理或失去意义。热力图显示，特征之间并未表现出显著的相关性，因此，特征选择合理。

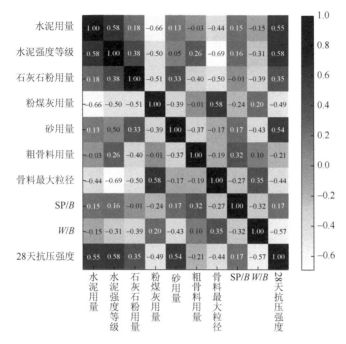

图 4.3 28 d 抗压强度数据集变量相关性矩阵热力图

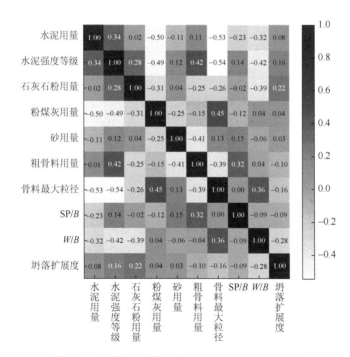

图 4.4 坍落扩展度数据集变量相关性矩阵热力图

4.2.2　自密实混凝土数据标准化

图 4.5 展示了数据集中各个特征的分布情况。可以看出，每个特征的取值范围存在显著差异，有时甚至存在数量级的区别。例如，砂的用量范围从 369.0 kg/m³ 到 1079.0 kg/m³，而 SP/B 的取值则在 0~0.045 变化。单位和数量级的差异显著影响了预测模型的准确性，尤其是对于 SVR 模型[6]。因此，本章对数据中的每一列特征进行了标准化处理，使其尺度一致。图 4.6 展示了标准化后的特征分布情况。正如预期，每个特征的取值都被缩放到均值为 0、标准差为 1 的统一范围内。

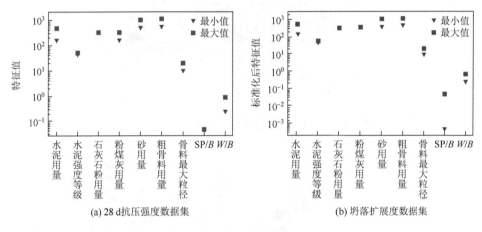

(a) 28 d抗压强度数据集　　　　　　　　　(b) 坍落扩展度数据集

图 4.5　标准化前的特征分布

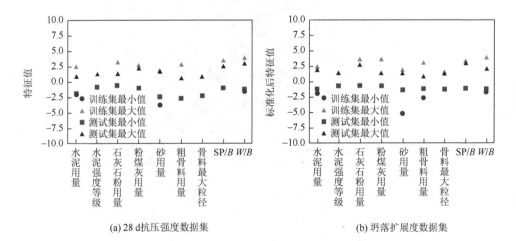

(a) 28 d抗压强度数据集　　　　　　　　　(b) 坍落扩展度数据集

图 4.6　标准化后的特征分布

4.2.3　工作性能预测模型

1. 流动度模型（坍落扩展度）

在构建 SVR 模型时，超参数的选择对模型性能至关重要。正则化参数 C 和高斯核参数 γ 在 SVR 建模过程中发挥着关键作用。若 C 过大，模型可能过拟合，因为对误差的容忍度过低；若 C 过小，模型可能拟合不足，因为容错能力过高。同样地，较大的 γ 值会导致高峰窄的高斯分布，也可能导致过拟合。根据多数混凝土性能预测相关文献，C 一般为 0.1～1000（本书研究范围为 1～5000），而 γ 为 0.001～100。然而，并非所有 SVR 模型都适用于这一范围。针对坍落扩展度的 SVR 模型，本书通过十折交叉验证对其超参数进行了优化，以确定最佳参数值。结果显示，最佳模型的参数为 $C = 900$、$\gamma = 3$，此时模型成功地捕捉到了特征与坍落扩展度之间的良好关联性。同时，该模型在训练集和测试集上实现了相似的 R^2，具体数据详见表 4.2。此外，经过与其他核函数的比较，本书选择了径向基函数（radial basis function，RBF）作为 SVR 模型的最佳核函数。

表 4.2　SVR 坍落扩展度预测模型不同超参数组合下的模型表现（部分）

序号	C	γ	R^2	R^2
最优	900	3	0.95	0.90
1	900	0.001	0.33	0.49
2	900	0.01	0.55	0.78
3	900	0.1	0.77	0.85
4	900	10	0.99	0.49
5	900	100	0.99	0.11
6	1	3	0.01	0.06
7	10	3	0.33	0.56
8	100	3	0.84	0.89
9	500	3	0.94	0.90
10	5000	3	0.99	0.86

表 4.3 总结了所提出的 SVR 模型在预测坍落扩展度方面的性能。使用 R^2、MAE、MSE 和 RMSE 4 个指标评估模型性能。一个可靠的模型通常具有高 R^2 和低 MAE、MSE 和 RMSE，$R^2 > 0.8$ 通常被认为是强相关。图 4.7 展示了 SVR 模型

的预测结果与实验值的对比。大多数数据点分布在±10%的边界内，说明模型预测结果与实验观测值之间具有良好的关联性。模型在训练数据（R^2 为 0.95）和测试数据（R^2 为 0.90）上的表现均较好，展现出令人满意的泛化能力。此外，特征标准化后，R^2 从 0.28 显著提升至 0.90，MAE 从 36.7 mm 减小至 20.3 mm，MSE 从 2182.2 mm 减小至 897.5 mm，RMSE 从 46.7 mm 减小至 30.0 mm。这些结果表明，特征标准化过程有效地提升了模型的准确性。

表 4.3　最终 SVR 坍落扩展度预测模型性能

项目	R^2	MAE/mm	MSE/mm	RMSE/mm
测试集	0.90	20.3	897.5	30.0
训练集	0.95	4.0	200.7	14.2
未标准化测试集	0.28	36.7	2 182.2	46.7

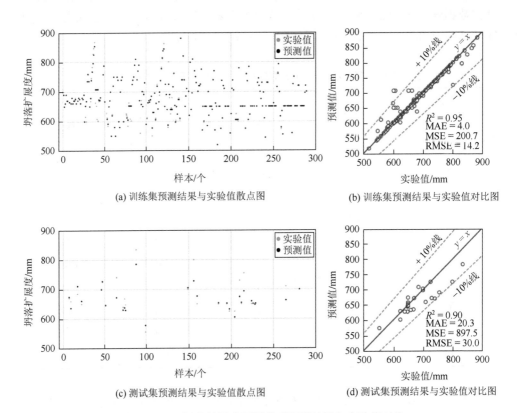

(a) 训练集预测结果与实验值散点图　　(b) 训练集预测结果与实验值对比图

(c) 测试集预测结果与实验值散点图　　(d) 测试集预测结果与实验值对比图

图 4.7　SVR 坍落扩展度预测模型预测结果与实验值对比

　　此外，图 4.8 展示了 SVR 坍落扩展度预测模型的预测误差分布。经过精心训练，该模型表现出较低的误差水平。在测试集中，大多数预测误差保持在 25.0 mm 以内，所有测试和训练数据的相对误差均在 10%以内。尽管存在个别误差较大的数据点，但绝大多数数据点的误差较小，显示出良好的预测性能。因此，所提出的 SVR 模型能够准确预测掺入粉煤灰和石灰石粉的 HPC 的坍落扩展度。该模型有助于研究人员和工程师理解 HPC 成分配合比变化对流动性的影响，并进一步协助确定在不同使用条件下的 HPC 配合比。

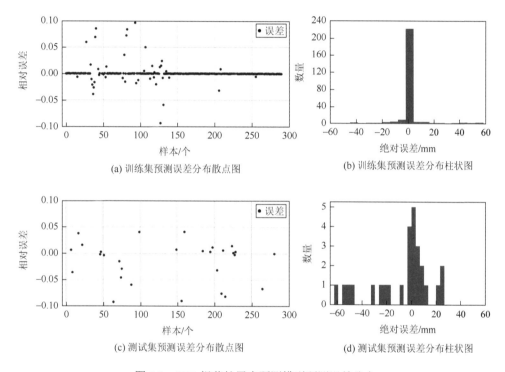

图 4.8　SVR 坍落扩展度预测模型预测误差分布

　　同样地，本章采用 RF 模型对坍落扩展度进行建模。RF 建模过程中需要确定三个关键超参数：决策树数量（n_estimators）、每棵决策树中随机选择的特征数量（max_features）和树的最大深度（max_depth）。这些超参数在影响 RF 模型的性能和效率方面起着关键作用。例如，增加 n_estimators 虽然会提高模型的预测准确性，但也会降低计算效率。因此，需要在准确性和效率之间进行权衡。本章通过交叉验证来优化这三个超参数。表 4.4 概括了不同超参数组合下 RF 坍落扩展度预测模型的性能。最终确定的 n_estimators、max_features 和 max_depth 分别为590、2 和 80。

表 4.4　RF 坍落扩展度预测模型不同超参数组合下的模型性能（部分）

序号	n_estimators	max_depth	max_features	训练集 R^2	测试集 R^2
最优	590	80	2	0.94	0.93
1	1	80	2	0.80	0.59
2	5	80	2	0.85	0.92
3	10	80	2	0.92	0.84
4	100	80	2	0.94	0.92
5	1 000	80	2	0.94	0.92
6	590	1	2	0.22	0.41
7	590	5	2	0.76	0.92
8	590	10	2	0.92	0.92
9	590	50	2	0.93	0.92
10	590	200	2	0.93	0.92

　　表 4.5 概述了所提出的 RF 坍落扩展度预测模型的性能。图 4.9 展示了 RF 模型预测结果与实验观测值的对比。从图 4.9 和表 4.5 可以看出，训练集和测试集的 R^2 分别为 0.94 和 0.93，表明模型在训练集和测试集上都具有较高的预测准确性。此外，训练集和测试集上相近的得分显示出 RF 模型有效学习了特征与坍落扩展度之间的映射关系，并具备良好的泛化能力。

表 4.5　最终 RF 坍落扩展度预测模型的性能

项目	R^2	MAE/mm	MSE/mm	RMSE/mm
测试集	0.93	16.6	582.4	24.1
训练集	0.94	11.2	244.8	15.6

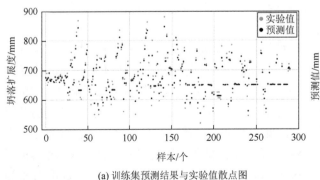

(a) 训练集预测结果与实验值散点图

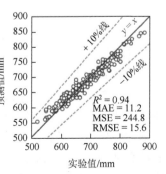

(b) 训练集预测结果与实验值对比图

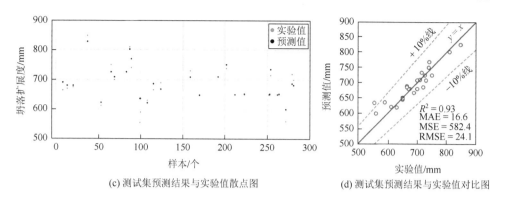

(c) 测试集预测结果与实验值散点图　　　　　　(d) 测试集预测结果与实验值对比图

图 4.9　RF 坍落扩展度预测模型预测结果与实验值对比

图 4.10 展示了 RF 坍落扩展度预测模型的预测误差分布。经过精心训练，该模型显示出较低的预测误差。在测试集中，大多数预测误差在 40.0 mm 以内，且 90% 的测试数据相对误差在 5% 以内。尽管存在一些相对较大的误差点，但大多数数据点的低误差表明 RF 模型表现良好。因此，所提出的 RF 模型能够有效地预测掺入粉煤灰和石灰石粉的 HPC 的坍落扩展度。

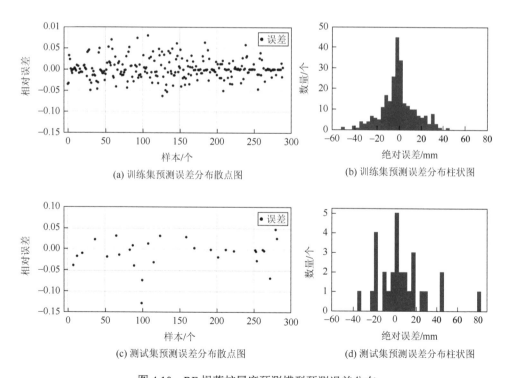

(a) 训练集预测误差分布散点图　　　　　　(b) 训练集预测误差分布柱状图

(c) 测试集预测误差分布散点图　　　　　　(d) 测试集预测误差分布柱状图

图 4.10　RF 坍落扩展度预测模型预测误差分布

2. 通过能力模型（L 型仪）

L 型仪测试是描述 HPC 通过能力的常用方法，欧洲 HPC 相关规范中规定最小 L 型仪比值为 0.8。本章基于 HPC 的配合比参数，提出了一个 RF 模型来预测 L 型仪比值。通过交叉验证，确定了 RF 模型的最佳超参数，其中 max_depth、max_features 和 n_estimators 分别为 940、2 和 690。

预测模型的性能评估结果如表 4.6 所示。与实验值对比，预测模型表现出了良好的预测精度。在测试集上，模型的预测结果与实验值之间呈现出较高的相关性（$R^2 = 0.88$），表明该模型在预测混凝土 L 型仪比值方面具有较好的准确性和泛化能力。图 4.11（b）和图 4.11（d）展示了预测模型的预测值与实验值之间的对比。从图中可以看出，大多数数据点位于 ±10% 的虚线内，进一步验证了预测模型的准确性。模型预测值与实验值的一致性较高，说明模型能够有效捕捉混凝土的通过能力特征。此外，图 4.11（a）和（c）展示的预测误差分布图显示，70% 的测试集数据的相对误差小于 5%，而 92% 的测试集数据的相对误差在 10% 以内。这证明了该模型在预测混凝土 L 型仪比值时具有较高的精度和可靠性。

表 4.6　L 型仪比值预测模型的预测效果

数据集	R^2	MAE	MSE	RMSE
训练集	0.89	0.026	0.002 3	0.048
测试集	0.88	0.029	0.001 6	0.040

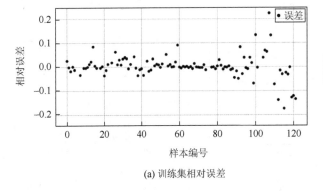

(a) 训练集相对误差

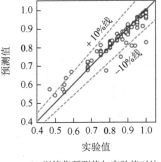

(b) 训练集预测值与实验值对比

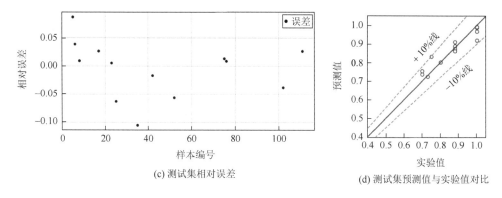

(c) 测试集相对误差　　　　　　　(d) 测试集预测值与实验值对比

图 4.11　L 型仪比值预测模型效果

综上所述，本章基于 RF 算法成功预测了混凝土的 L 型仪比值。所建立的预测模型在测试集上展现了较高的准确性和泛化能力，为混凝土通过能力预测提供了可靠的工具。

3. 流动速率模型（V 型漏斗）

V 型漏斗测试是描述 HPC 流动速率（黏度）的常见方法，在欧洲 HPC 相关规范中规定 V 型漏斗时间应不超过 25 s。本章建立了一个基于 HPC 配合比的 RF 模型，用于预测新拌 HPC 的 V 型漏斗时间。通过交叉验证，确定了 RF 模型的超参数，其中 max_depth、max_features 和 n_estimators 分别为 380、2 和 80。

本章通过 ML 的 RF 算法，对 HPC 的 V 型漏斗时间进行了预测。通过对大量 HPC 工作性能数据进行训练，成功构建了一个可靠且准确的 V 型漏斗时间预测模型。

预测模型的性能评估结果如图 4.12 和表 4.7 所示。图 4.12（b）和图 4.12（d）展示了预测模型的预测值与实验值之间的比较。可以看出，大部分数据点分布在 ±10% 的虚线范围内，验证了预测模型的准确性。在测试集上，模型的预测结果与实验值之间表现出较高的相关性，具有显著的 R^2（0.93），进一步验证了模型的可靠性。此外，图 4.12（a）和图 4.12（c）显示了模型预测误差分布图，79% 的测试集数据的相对误差在 20% 以下，这表明预测模型具有较高的精度。尽管存在个别离群值，但总体而言，模型对 HPC 的 V 型漏斗时间具有令人满意的预测效果。

然而，在某些特殊情况下，模型的预测结果可能存在一定偏差。例如，当 HPC 的流动性较低或含有大量掺合料时，模型的预测准确性可能会稍有下降。对于这些情况，可以通过进一步优化模型参数或引入更多特征来提升预测效果。

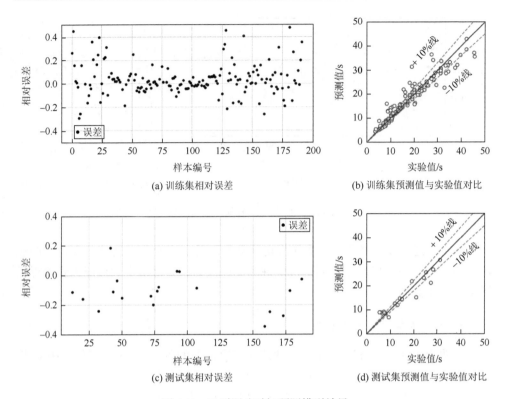

(a) 训练集相对误差　　　　　　　(b) 训练集预测值与实验值对比

(c) 测试集相对误差　　　　　　　(d) 测试集预测值与实验值对比

图 4.12　V 型漏斗时间预测模型效果

表 4.7　V 型漏斗时间预测模型的预测效果

数据集	R^2	MAE/s	MSE/s	RMSE/s
训练集	0.91	2.03	27.11	5.21
测试集	0.93	2.46	9.52	3.09

4. 抗离析性模型（离析率）

离析率是评价混凝土内部均匀性的关键参数之一，反映了颗粒在混凝土中的均匀分布程度。筛分离析测试是常用于评估新拌 HPC 抗离析性的方法，欧洲 HPC 相关规范规定离析率应小于 20%。本章基于配合比参数，开发了一个用于预测 HPC 离析率的 RF 模型。通过交叉验证，确定了 RF 模型的最佳超参数，其中 max_depth、max_features 和 n_estimators 分别为 450、2 和 60。

预测模型的性能评估结果如图 4.13（b）和图 4.13（d）所示。图 4.13（b）和图 4.13（d）显示了预测模型的预测值与实验值之间的比较，大部分数据点分布在±10%的虚线内，表明预测模型的准确性较高。在测试集上，预测结果与实验值之间表现出较高的相关性，具有显著的 R^2（0.97），进一步验证了模型的可靠性。此外，图 4.13（a）和图 4.13（c）显示了模型预测误差分布图，78%的测试集数据的相对误差小于 20%，说明预测模型的精度较高。尽管存在个别离群值，但总体而言，预测模型对混凝土离析率的预测效果较好。

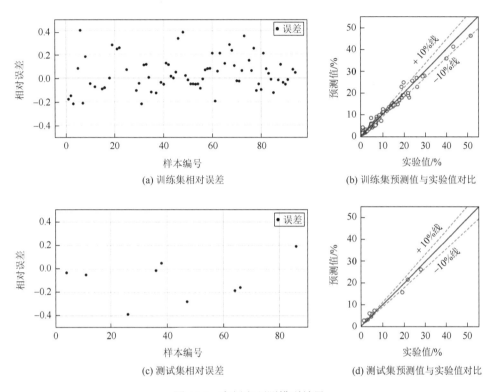

图 4.13　离析率预测模型效果

表 4.8　离析率预测模型的预测效果

数据集	R^2	MAE/%	MSE/%	RMSE/%
训练集	0.97	1.18	2.68	1.64
测试集	0.97	1.22	2.34	1.53

4.3　自密实混凝土力学性能预测模型

对于抗压强度的 SVR 模型，本章通过十折交叉验证对其超参数进行了优化。表 4.9 展示了不同超参数组合下的预测模型的预测性能数据。值得注意的是，过高或过低的 C 或 γ 可能导致过拟合或模型效率低下。当参数 $C = 250$ 和 $\gamma = 0.4$ 时，模型表现出令人满意的结果，其 R^2 相对稳定。然而，当 γ 增加到 100 时，尽管训练集的 R^2 接近 1，但测试集的 R^2 下降至 0.57，表明出现了过拟合现象。

表 4.9　SVR 28 d 抗压强度预测模型的预测性能（部分）

序号	C	γ	训练集 R^2	测试集 R^2
最优	250	0.4	0.95	0.95
1	250	0.001	0.68	0.85
2	250	0.01	0.77	0.91
3	250	1	0.96	0.93
4	250	10	0.99	0.74
5	250	100	0.99	0.57
6	0.1	0.4	0.07	0.02
7	1	0.4	0.49	0.44
8	10	0.4	0.89	0.91
9	100	0.4	0.94	0.95
10	500	0.4	0.96	0.94

表 4.10 总结了提出的 SVR 28 d 抗压强度预测模型的性能。图 4.14 展示了 SVR 模型的预测结果与实验观测值的对比。图中显示，大多数数据点分布在各自的边界内，训练数据和测试数据的 R^2 均为 0.95。这表明模型预测结果与实验值之间存在良好的相关性。在模型性能评估中，必须同时考虑训练数据和测试数据，以避免过拟合的情况。提出的 SVR 模型在训练集和测试集上都获得了相似且令人满意的 R^2，证明了其良好的泛化能力。值得注意的是，标准化过程显著提升了 R^2，从 0.70 提升至 0.95，这表明标准化处理有效地提高了模型的预测准确性。

表 4.10　最终 SVR 28 d 抗压强度预测模型性能

项目	R^2	MAE/MPa	MSE/MPa	RMSE/MPa
测试集	0.95	3.1	18.8	4.3
训练集	0.95	1.5	13.8	3.7
未标准化的测试集	0.70	6.7	107.9	10.4

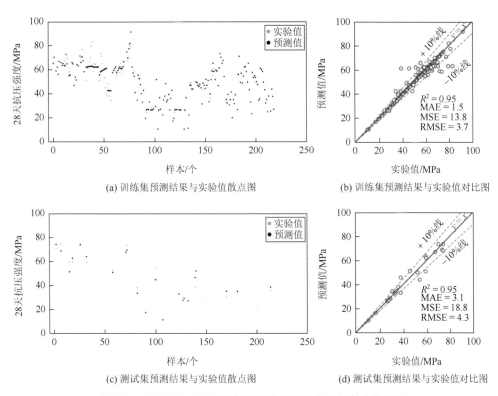

(a) 训练集预测结果与实验值散点图　　　　(b) 训练集预测结果与实验值对比图

(c) 测试集预测结果与实验值散点图　　　　(d) 测试集预测结果与实验值对比图

图 4.14　SVR 28 d 抗压强度预测模型预测结果与实验值对比

此外，图 4.15 展示了 SVR 28 d 抗压强度预测模型的预测误差分布。经过精细训练，所得 SVR 预测模型表现出较低的误差。图中显示，测试数据中 72%的相对误差在 10%以内，77%的绝对误差在 5 MPa 以内。对于训练集，95%的数据相对误差在 10%以内。尽管存在个别异常值，大多数数据点的小误差表明模型性能良好。因此，本节提出的 SVR 模型能够有效预测掺有粉煤灰和石灰石粉的 HPC 的 28 d 抗压强度。该模型有助于研究人员和工程师理解 HPC 组成对力学性能的影响，并进一步辅助确定在不同服役条件下 HPC 的配合比。

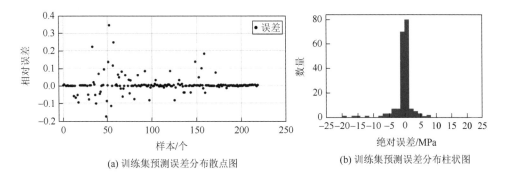

(a) 训练集预测误差分布散点图　　　　(b) 训练集预测误差分布柱状图

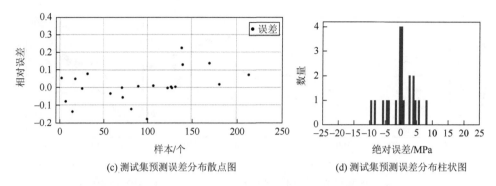

(c) 测试集预测误差分布散点图　　　　　　　　(d) 测试集预测误差分布柱状图

图 4.15　SVR 28 d 抗压强度预测模型预测误差分布

除了 SVR 模型外，本章还建立了基于 RF 算法的抗压强度预测模型。通过交叉验证对 RF 抗压强度预测模型的超参数进行了优化。表 4.11 展示了不同超参数组合下 28 d 抗压强度 RF 预测模型不同超参数组合下的模型表现。经过十折交叉验证，确定的最佳超参数为：n_estimators = 600、max_features = 2 和 max_depth = 40。

表 4.11　28 d 抗压强度 RF 预测模型不同超参数组合下的模型表现（部分）

序号	n_estimators	max_depth	max_features	训练集 R^2	测试集 R^2
最优	600	40	2	0.98	0.95
1	1	40	2	0.73	0.92
2	5	40	2	0.95	0.90
3	10	40	2	0.95	0.88
4	100	40	2	0.95	0.93
5	1000	40	2	0.97	0.93
6	600	1	2	0.50	0.66
7	600	5	2	0.87	0.90
8	600	10	2	0.98	0.93
9	600	50	2	0.98	0.94
10	600	100	2	0.98	0.93

表 4.12 总结了本章提出的 28 d 抗压强度 RF 预测模型的性能。图 4.16 展示了 28 d 抗压强度 RF 预测模型的预测结果与实验值的对比。可以看出，大多数数据点位于 ±10% 的误差范围内，训练数据和测试数据的 R^2 值分别为 0.98 和 0.95，表

明模型预测结果与实验观测值之间存在良好的相关性。在两个数据集上均获得相似且优异的结果，验证了 RF 模型在学习特征与 28 d 抗压强度之间映射关系方面的有效性和泛化能力。

表 4.12　最终的 28 d 抗压强度 RF 预测模型的性能

项目	R^2	MAE/MPa	MSE/MPa	RMSE/MPa
测试集	0.95	2.8	12.2	3.5
训练集	0.98	1.8	5.9	2.4

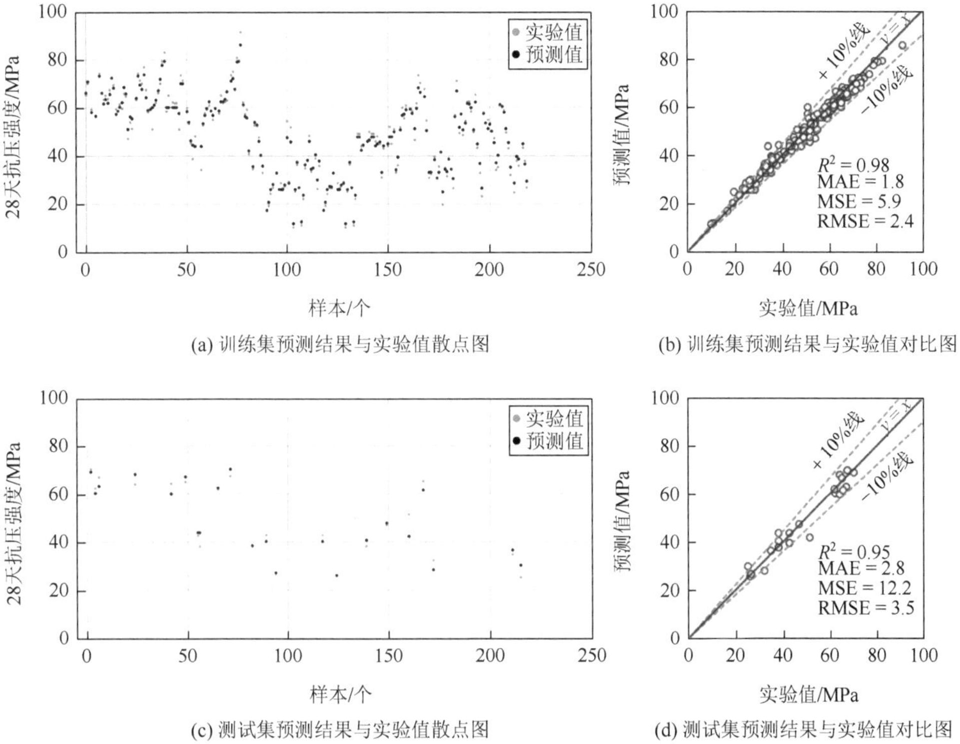

(a) 训练集预测结果与实验值散点图　　(b) 训练集预测结果与实验值对比图

(c) 测试集预测结果与实验值散点图　　(d) 测试集预测结果与实验值对比图

图 4.16　28 d 抗压强度 RF 预测模型预测结果与实验值对比

此外，图 4.17 展示了 28 d 抗压强度 RF 预测模型的预测误差分布。可以看出，测试集中有 50% 的相对误差小于 5%，90% 的相对误差小于 10%。尽管存在个别离群值，大多数数据点的误差较小，表明 RF 模型具有良好的性能。因此，本节提出的 RF 模型能够准确预测掺有粉煤灰和石灰石粉的 HPC 的 28 d 抗压强度。

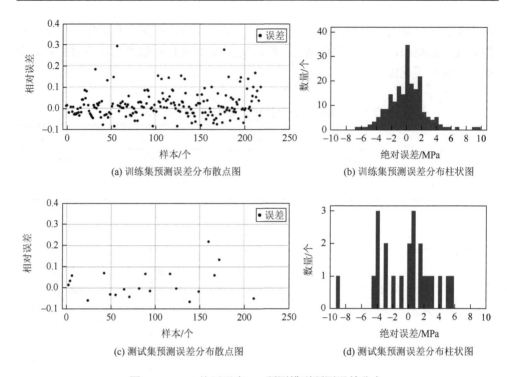

(a) 训练集预测误差分布散点图　　　　　　(b) 训练集预测误差分布柱状图

(c) 测试集预测误差分布散点图　　　　　　(d) 测试集预测误差分布柱状图

图 4.17　28 d 抗压强度 RF 预测模型预测误差分布

4.4　自密实混凝土耐久性预测模型

本节基于 RF 方法开发了三个预测模型，用于预测 HPC 的耐久性指标，包括 28 d RCP、孔隙率和吸水性。通过十折交叉验证和网格搜索优化超参数，以找到使 RMSE 最小的最佳参数组合。优化后的 RF 模型通过 R^2、MSE、RMSE 和 MAE 等多个统计指标进行训练和评估。

在 RF 建模中，n_estimators 和 max_depth 是最关键的超参数。为确保对 HPC 耐久性性能的可靠预测，本节采用十折交叉验证，寻找最佳的超参数组合。n_estimators 和 max_depth 的取值范围设定在 1～1000，通过 Python 编程实现超参数优化的自动化过程。图 4.18 展示了三个基于 RF 的模型在不同超参数取值下的 RMSE。以 28 d RCP 模型为例，当 n_estimators 为 61 且 max_depth 为 231 时，获得了最低的 RMSE，即 215 C。同样，对于孔隙率和吸水性模型，找到了最佳 n_estimators 分别为 11 和 181，而对应的最佳 max_depth 分别为 571 和 731。这些模型的最低 RMSE 分别为 0.59% 和 0.0084 mm/min$^{1/2}$。

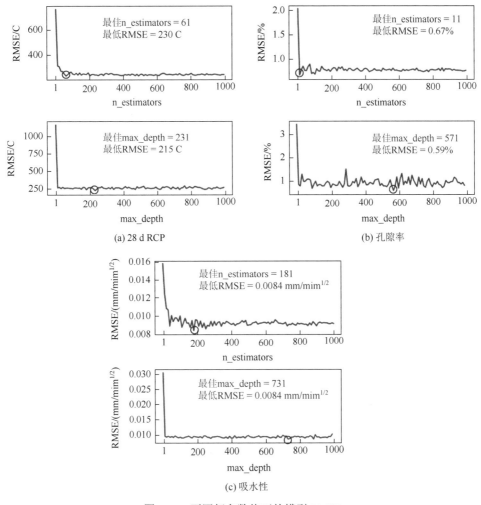

(a) 28 d RCP

(b) 孔隙率

(c) 吸水性

图 4.18　不同超参数值下的模型 RMSE

本节采用经过超参数优化的 RF 方法，预测了 HPC 的耐久性性能，包括 28 d RCP、孔隙率和吸水性。图 4.19 展示了每个预测模型的误差情况，而图 4.20 则展示了三个 RF 模型预测值与实际值的散点图。这些图直观地显示了 RF 模型在预测训练和测试数据集中 HPC 耐久性性能方面的准确性。从图 4.19 可以清晰地看出，大多数预测点与相应的实验值非常接近，表明误差较小。同样，图 4.20 显示大多数数据点位于各自±10% 的边界内，进一步证实了预测的准确性。三个模型分别取得了较高的 R^2（分别为 0.98、0.98、0.95）和较低的误差（RMSE 分别为 237C、0.72%、0.009 mm/min$^{1/2}$）。这些结果验证了 RF 模型能够有效捕捉 HPC 配合比与耐久性性能之间的关系，并展示了其出色的泛化能力。表 4.13 显示了 HPC 耐久性预测模型的预测性能表现。

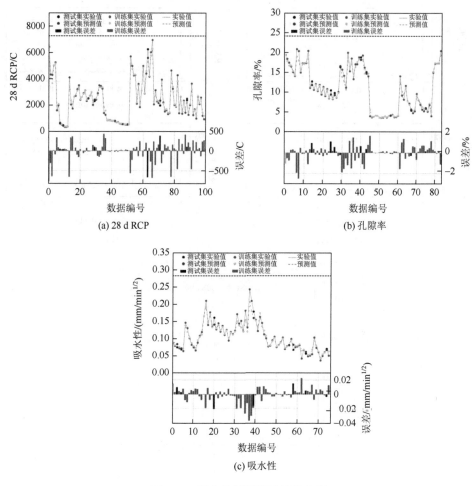

图 4.19　耐久性预测模型性能表现

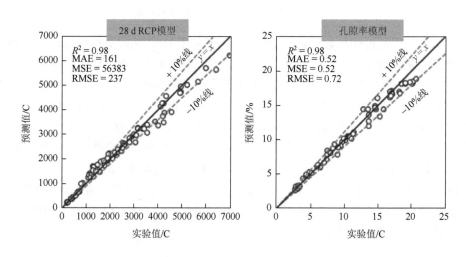

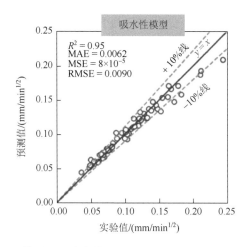

图 4.20　28 d RCP 模型、孔隙率模型、吸水性模型的预测结果与实验值对比

表 4.13　HPC 耐久性预测模型的预测性能表现

模型	R^2	MAE	MSE	RMSE
28 d RCP 模型	0.98	161 C	56383 C	237 C
孔隙率模型	0.98	0.52%	0.52%	0.72%
吸水性模型	0.95	0.006 2 mm/min$^{1/2}$	8×10^{-5} mm/min$^{1/2}$	0.009 mm/min$^{1/2}$

这些模型的成功应用,不仅展示了 RF 算法在 HPC 耐久性预测中的优越性能,同时也为未来研究和工程实践提供了可靠的工具。这些结果为进一步优化 HPC 配合比设计、提升耐久性能提供了科学依据,有助于实现建筑材料的低碳环保和可持续发展目标。

4.5　自密实混凝土性能预测模型比较

为了深入探讨不同 ML 模型在预测 HPC 性能方面的表现,本节以 28 d 抗压强度和坍落扩展度为例进行了综合评估,对各类模型进行了全面比较,涵盖了本章提出的模型以及已有的 HPC 抗压强度和坍落扩展度预测模型,具体信息详见表 4.14 和表 4.15。此外,尽管已有一些研究开发了预测 HPC 坍落扩展度的模型,但本章提出的模型在准确性和适用范围方面均有显著提升。这主要得益于在建模之前进行的系统特征工程,包括特征选择、异常检测和数据标准化等处理。本章采用的输入变量还包括其他模型未考虑的关键特征,如水泥强度等级、最大粒径和辅助胶凝材料等因素。

表 4.14　所建立模型和现有模型对 HPC 抗压强度预测精度的比较

模型	R^2	MAE/MPa	MSE/MPa	RMSE/MPa
SVR	0.95	1.5	13.8	3.7
RF	0.98	1.8	5.9	2.4
ANN[9]	0.87	5.4	40.8	6.4
SVM[9]	0.79	5.0	48.8	7.0
GEP[9]	0.90	3.7	29.2	5.4
SVM-指数径向基函数[8]	0.96	—	14.3	3.8
SVM-径向基函数[8]	0.28	—	228.7	15.1
ANN[8]	0.88	—	38.5	6.2
MVR[8]	0.83	—	63.7	8.0
ANN[10]	0.92	—	—	—
ANN[11]	0.95	—	—	—
ANN[12]	0.90	1.6	5.3	2.3
ANN[13]	0.45	—	—	—
GEP[13]	0.45	—	—	—
RVM[7]	0.98	—	—	—
ANN[12]	0.96	—	—	—
ANN[14]	0.92	2.8	13.6	3.7
RF[14]	0.71	5.4	56.0	7.5
SVR[14]	0.87	3.5	24.6	5.0

表 4.15　所建立模型和现有模型对 HPC 坍落扩展度预测精度的比较

模型	R^2	MAE/mm	MSE/mm	RMSE/mm
SVR	0.95	4.0	200.7	14.2
RF	0.94	11.2	244.8	15.6
SVM-指数径向基函数[8]	0.93	—	136.4	11.7
SVM-径向基函数[8]	0.59	—	889.8	29.8
ANN[8]	0.62	—	696.4	26.4
MVR[8]	0.14	—	2845.1	53.3
SVM-径向基函数（训练集）[15]	0.97	—	725.2	26.9
SVM-多项式核函数（训练集）[15]	0.95	—	1346.1	36.7
SVM[16]	0.91	—	1196.8	34.6

除了 SVR-RBF 和 RF 模型之外，本章还开发了其他 8 种不同的 ML 模型，以

进行全面和客观的性能比较。图 4.21 和图 4.22 展示了泰勒图，用于比较不同模型在预测 28 d 抗压强度和坍落扩展度方面的性能。这些泰勒图中包含了每个模型的标准差、RMSE 和相关系数 R 等关键指标。图中模型点与实际点的接近程度反映了预测值与实验值的一致性程度。

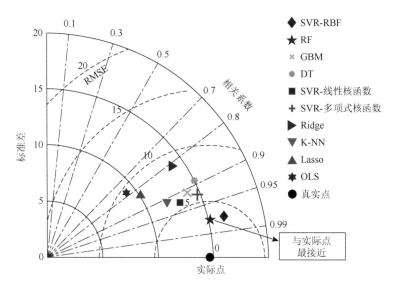

图 4.21　28 d 抗压强度预测模型泰勒图比较

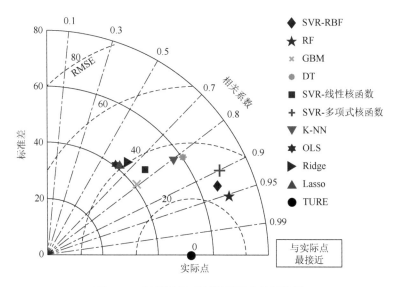

图 4.22　坍落扩展度预测模型泰勒图比较

在现有模型中，ANN 被广泛用于预测 HPC 抗压强度和坍落扩展度，11 项相关研究中有 8 项采用了该方法。虽然 ANN 作为一种传统的 ML 模型在各个领域得到了广泛应用，但在小样本情况下，其泛化能力差、收敛速度慢以及容易过拟合等局限性仍然存在。此外，ANN 模型的隐藏层结构选择也是一个复杂且耗时的任务。

SVM 是另一种常见的模型，文献中有 7 项研究采用了 SVM 模型。SVM 专为寻找全局最优解而设计，能够解决 ANN 中可能出现的局部极值问题，因此在某些情况下显示出优于 ANN 的泛化能力。然而，SVM 同样存在一些限制，如对缺失数据、参数和核函数的敏感性。为了克服这些局限，RF 作为一种集成模型被认为是一个潜在的解决方案，它在处理多特征问题和异常数据方面表现出色，同时具有良好的泛化能力。尽管 RF 在 HPC 领域的应用仍相对较少，但现有研究表明 RF 模型能够有效预测混凝土性能。

综上所述，本章通过对比分析各种 ML 模型的性能，特别是 ANN、SVM 和 RF 模型，发现 RF 模型在处理 HPC 性能预测中具有显著优势。这些结果为未来研究提供了参考，同时也为实际工程应用中的模型选择提供了科学依据。

根据表 4.14 的数据，本章提出的模型在准确性方面优于大多数现有模型。唯一一个 R^2（0.98）超过本章模型的是 Jayaprakash 等[7]提出的模型，该模型有效地建立了 W/B 和水灰比与 HPC 抗压强度之间的关联。然而，该模型未考虑其他关键变量。Saha 等[8]也开发了一个性能优异的模型，其 R^2 高达 0.96，能够有效预测传统 HPC 的抗压强度，但该模型不适用于添加辅助胶凝材料（如粉煤灰和石灰石粉）的 HPC。

此外，表 4.15 显示，尽管已有一些研究开发了预测 HPC 坍落扩展度的模型，但本章提出的模型在准确性和适用范围方面均有显著提升。这主要得益于在建模之前进行的系统特征工程，包括特征选择、异常检测和数据标准化等处理。本章采用的输入变量还包括其他模型未考虑的关键特征，如水泥强度等级、最大粒径和辅助胶凝材料等因素。

从图 4.21 和图 4.22 可以看出，RF 模型在预测这两个关键性能方面略优于 SVR 模型。然而，需要注意的是，通过适当的数据预处理、特征选择和精心的模型训练，SVR 和 RF 模型均能展现出高度准确的预测能力。例如，所提出的 SVR 模型在预测 28 d 抗压强度时，其标准差、RMSE 和相关系数 R 分别为 16.4、4.34 和 0.97，而 RF 模型在预测 28 d 抗压强度时的这些指标分别为 15.1、3.49 和 0.97。

不同的 SVR 模型在预测 28 d 抗压强度和坍落扩展度时表现出不同的特性。具体而言，三种不同核函数的 SVR 模型在 28 d 抗压强度预测方面表现良好（相关系数分别为 0.97、0.93 和 0.92）。然而，在坍落扩展度预测方面，线性核函数的 SVR 模型（$R = 0.76$）表现较差，而 RBF 核函数（$R = 0.93$）和多项式核函数（$R = 0.90$）

的 SVR 模型表现更佳。此外，RF 和 GBM 都属于基于树的集成模型。值得注意的是，RF 模型在预测抗压强度（标准差为 15.1，RMSE 为 3.49，R 为 0.97）和坍落扩展度（标准差为 68.8，RMSE 为 24.1，R 为 0.95）方面优于 GBM 模型（抗压强度的标准差为 13.9，RMSE 为 6.03，R 为 0.91；坍落扩展度的标准差为 41.2，RMSE 为 32.7，R 为 0.79）。

本章通过对比分析各种 ML 模型的性能，特别是 ANN、SVM 和 RF 模型，发现 RF 模型在处理 HPC 性能预测中具有显著优势。这些结果为未来研究提供了参考，同时也为实际工程应用中的模型选择提供了科学依据。

4.6　水泥基复合材料性能预测模型可解释分析

模型的性能受到高重要性特征的显著影响。RF 模型可用于计算各特征对 HPC 性能的重要性，该模型基于袋外数据进行训练[17]。为提供更易于理解且更为优越的方法，本章引入了 Shapley 加法解释（Shapley additive explanations，SHAP）。SHAP 方法通过计算每个特征的 SHAP 绝对值，并使用 SHAP 平均值来评估其重要性。

在图 4.23（a）中，展示了 28 d 抗压强度模型中各特征的重要性。可以观察到，W/B 对 28 d 抗压强度的影响最为显著，其 SHAP 平均值约为 3.1。其次是水泥用量，其 SHAP 值为 3.0。这个观察结果与预期一致，因为 W/B 决定了混凝土的孔隙率，而水泥通过水化反应将各组分固结在一起，这与之前文献的结果一致[18, 19]。需要注意的是，与粗骨料（SHAP 值为 1.2）相比，细骨料（SHAP 值为 2.3）对混凝土强度的影响更为显著，这也与之前的研究结果相符[5, 20]。此外，水泥强度等级在 28 d 抗压强度预测中同样具有重要性，其 SHAP 平均值约为 2.9，凸显了水泥强度等级在预测 28 d 抗压强度方面的关键作用。

图 4.23（b）显示了坍落扩展度的特征重要性。与 28 d 抗压强度类似，W/B 是最重要的特征，其 SHAP 平均值约为 12.0，其次是 SP/B，SHAP 平均值为 10.7，这与之前的研究结果一致且合理[15]。砂用量和水泥用量也是影响坍落扩展度的重要特征，其 SHAP 平均值分别为 7.2 和 6.3。与 28 d 抗压强度不同，水泥强度等级在重要性排序中位列最后，其 SHAP 平均值仅为 1.8。值得注意的是，特征重要性是基于数据集计算的，如果应用更大的数据集，将得到更具代表性的结果。

为更好地利用 ML 模型分析参数的整体影响，图 4.24 采用 SHAP 全局汇总图描述每个特征的全局 SHAP 值。排名靠前的特征对预测值贡献较大，暖色表示样本中特征较高的值，冷色表示较低的值。图 4.24 清晰显示了这 9 个特征对预测值产生的正负贡献。

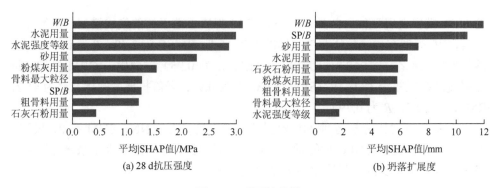

(a) 28 d抗压强度　　　　　　　　　(b) 坍落扩展度

图 4.23　重要性分析

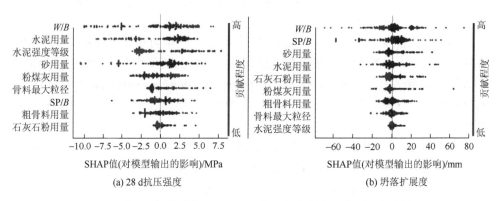

(a) 28 d抗压强度　　　　　　　　　(b) 坍落扩展度

图 4.24　基于 RF 模型的全局 SHAP 值（扫描封底二维码获取彩图）

　　图 4.24(a)和图 4.24(b)分别展示了 28 d 抗压强度和坍落扩展度的全局 SHAP 值。可以看出，W/B、水泥用量和水泥强度等级是 28 d 抗压强度的主要影响因素。类似地，W/B、SP/B 与砂用量对坍落扩展度的影响较大。这些结果是合理的。对于 28 d 抗压强度，高 W/B 会带来负面影响，而高水泥用量则对预测值产生正面影响。高 W/B 导致混凝土孔隙率增加，从而对强度发展不利。相反，对于坍落扩展度，高 W/B 或高 SP/B 会带来正面贡献。高 W/B 意味着水增加，形成较厚的水膜，减少颗粒之间的摩擦，提高 HPC 的流动性，因此坍落扩展度增加。SP 可以促进颗粒分散，减少颗粒间摩擦，增强润滑从而提高流动性。然而，当砂用量超过一定阈值时，骨料总表面积增加，覆盖骨料的水泥浆层变薄，降低内聚力和保水性，从而降低坍落扩展度。这些结果验证了数据集和所建立模型的物理合理性，同时表明 SHAP 方法成功解释了数据集和模型的整体结构。

　　局部 SHAP 的运用为每一组预测结果提供了深入解析，这有助于模型使用者对所提出的模型产生信心，同时也能够理解各特征对目标的影响。图 4.25 是基于 28 d 抗压强度 RF 预测模型的 3 个典型场景的局部解释力图。该图清晰地呈现了每个特征对预测结果的影响情况。值得注意的是，这里的基准值是基于数据集中所有样本预测值的平均值，对于 28 d 抗压强度 RF 预测模型，基准值为 48.6 MPa。

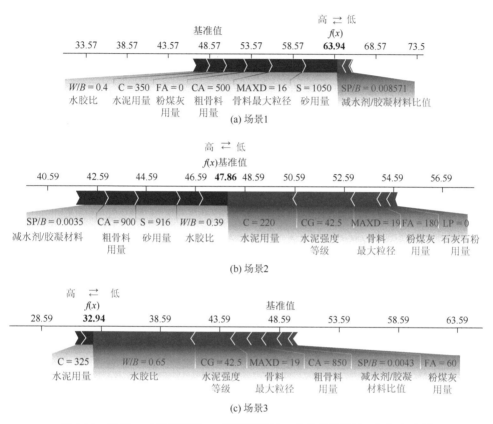

图 4.25　基于 28 d 抗压强度 RF 预测模型的 3 个典型场景的局部解释力图

在场景 1 中，如图 4.25（a）所示，最终预测值为 63.94 MPa，高于基准值。这是由于多数特征对 28 d 抗压强度有积极的贡献。局部解释力图清晰地显示了高砂用量（S = 1050 kg/m³）在此结果中的主导作用，高砂用量有助于增加混凝土基质的致密性，从而积极影响混凝土的强度。此外，小骨料粒径（MAXD = 16 mm）也提高了密实度，进一步对 HPC 的强度产生了积极影响。除此之外，低 W/B、足够的粗骨料和水泥用量都对第一种情景中高强度的结果发挥了积极作用。然而，非常低的 SP/B 对强度产生了负面影响。

在场景 2 中，如图 4.25（b）所示，最终预测值为 47.86 MPa。此结果的主要贡献因素包括低 W/B（0.39）和高砂用量（S = 916 kg/m³）。然而，相对较低的水泥强度等级（CG = 42.5 MPa）和水泥用量（C = 220 kg/m³）对混凝土强度产生了负面影响。

在场景 3 中，如图 4.25（c）所示，最终预测值为 32.94 MPa，低于基准值。图示明确显示，高 W/B（0.65）是主要的贡献因素，因为它增加了混凝土基质中的孔隙率，从而导致强度下降。在这种情况下，仅有水泥用量和砂用量是对最终结果产生积极贡献的两个特征。

类似于解释力图，瀑布图也清晰地展示了各特征的贡献情况。图 4.26 为基于 RF 坍落扩展度预测模型的瀑布图。从图中可以看出，预测值为 699 mm，高于基准值（673 mm）。最重要且物理合理的贡献因素是高 W/B（0.56）和高砂用量（$S = 921$ kg/m^3）。然而，低水泥用量（$C = 264.5$ kg/m）且未添加辅助胶凝材料（粉煤灰和石灰石粉）对坍落扩展度产生了负面影响。

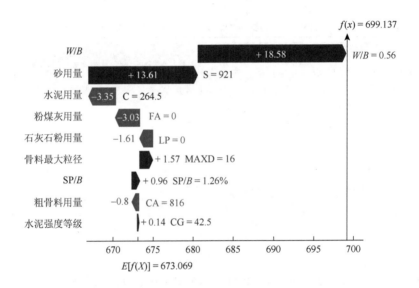

图 4.26　基于 RF 坍落扩展度预测模型的瀑布图

图 4.26 提供了对模型预测结果的详细解释，能帮助理解各特征对混凝土性能的具体影响。研究人员和工程师可以根据这些分析结果优化混凝土配合比，以达到预期的性能要求。

图 4.27 采用部分依赖图（partial dependence plot，PDP）分析方法探讨颗粒堆积密实度对 HPC 性能的具体影响。对于 28 d 龄期的抗压强度，当堆积密实度从 0.800 增加到 0.835 时，其平均强度可显著提升 3.9 MPa，这主要归因于孔隙的减少和混凝土密实度的提高。然而，尽管堆积密实度的提高最初能增加坍落扩展度，但当堆积密实度超过 0.814 的阈值后，坍落扩展度便开始逐渐下降。一般而言，较高的堆积密实度通过减少孔隙并增加剩余浆体厚度，能有效降低屈服应力和塑性黏度，从而提升工作性能[21]。但超过特定阈值后，由于砂浆缺乏必要的润

滑性，屈服应力增加和塑性黏度下降，阻碍了混凝土的水平流动从而降低了坍落扩展度[22]。

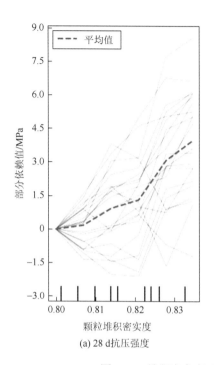

(a) 28 d 抗压强度

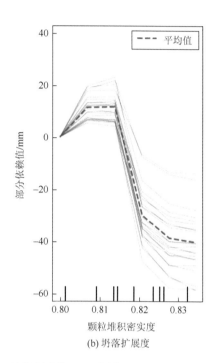

(b) 坍落扩展度

图 4.27　堆积密实度对 HPC 性能影响的 PDP 分析

4.7　水泥基复合材料流变-性能影响机理分析

4.7.1　自密实混凝土组成成分与流变特性的关联性研究

流变特性在 HPC 的新拌和硬化性能中发挥着关键作用。这些性能受到众多因素的影响，包括粉煤灰[23-25]、石灰石粉[23, 26, 27]、硅灰[24, 25]、骨料[28, 29]以及化学掺和剂[30-32]。因此，探究 HPC 配合比与流变特性之间的关系，并深入研究各种成分对屈服应力和塑性黏度的具体影响尤为重要。本书利用 RF 模型，基于 HPC 的成分预测了两个关键的流变参数。在建模过程之前，进行了特征工程，包括自动特征选择和异常检测，以保证数据集和模型的有效性和准确性[33]。

1. 基于组成成分的屈服应力预测

在本书中，按照文献[16]的惯例，数据集以 90∶10 的比例随机划分为训练集和测试集。数据划分采用 Python 中的 train_test_split（）函数实现。此外，通过

10 折交叉验证对模型的超参数进行优化，优化后的 **RF** 方法用于预测 HPC 的屈服应力。屈服应力预测模型的性能展示在图 4.28 和图 4.29 中。图 4.28 中，浅色点

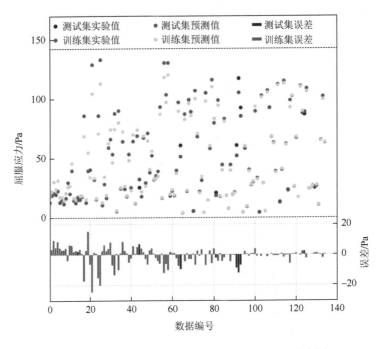

图 4.28　训练集和测试集的屈服应力预测结果散点图

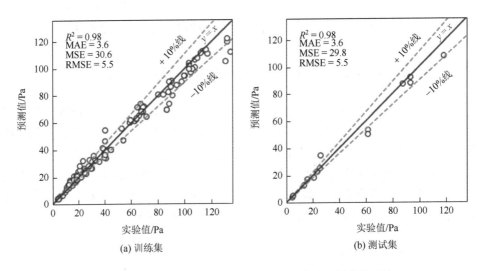

图 4.29　屈服应力预测模型的模型结果与实验观测结果对比

标示训练数据点，深色点标示测试数据点，可见大多数预测点与其对应的实验值非常接近。此模型在训练集和测试集上均显示出较高的 R^2 值（0.98）和较低的 MAE（3.6 MPa），协议指数分别为 0.98 和 0.97。图 4.29 则表明，大多数数据点紧密集中于±10%边界内，证明屈服应力预测模型准确反映了混凝土配合比与屈服应力之间的关系，且具备良好的泛化能力。

2. 基于组成成分的塑性黏度预测

本节使用经过优化的 RF 方法预测了 HPC 的塑性黏度。图 4.30 和图 4.31 展示了塑性黏度预测模型的有效性。在图 4.30 中，浅色点标识训练数据，深色点标识测试数据，可以观察到大部分预测点与实际值保持一致。图 4.31 进一步显示了大多数数据点均位于±10%边界之内，训练集和测试集的 R^2 值均为 0.97，MAE 分别为 5.9 MPa 和 4.4 MPa，协议指数均为 0.97。这些结果证明，塑性黏度预测模型能够准确反映混凝土配合比与塑性黏度之间的关系，并展现出优秀的泛化性能。

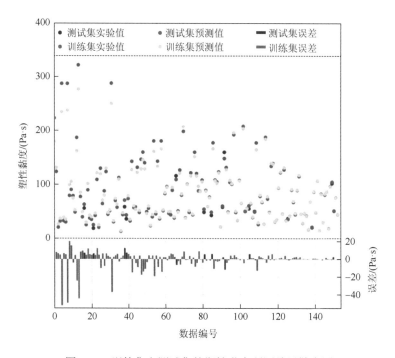

图 4.30 训练集和测试集的塑性黏度预测结果散点图

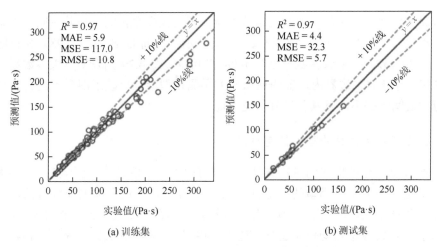

(a) 训练集　　　　　　　　　　　(b) 测试集

图 4.31　塑性黏度预测模型的模型结果与实验观测结果对比

3. 自密实混凝土组成成分对流变影响机理分析

为了深入了解特定特征对流变参数的影响,本书分析了 PDP。图 4.32 和图 4.33 分别展示了屈服应力和塑性黏度的影响情况, 其中橙色虚线表示基于所建立模型进行的 100 次预测的平均效应。这些图形有效地揭示了不同特征值对屈服应力和塑性黏度的影响,能帮助理解这些参数在模型中的作用机制。

为确保适宜的工作性能并降低碳排放, HPC 的胶凝体系常添加大量矿物掺合料,如粉煤灰、石灰石粉和硅灰。图 4.32 和图 4.33 展示了不同胶凝材料对流变特性的影响。例如, 随着石灰石粉或粉煤灰含量增加,屈服应力有所减小。这主要是因为细小的石灰石粉或粉煤灰颗粒替换了水分子原本所填充的空隙,增加了颗粒表面水膜层的厚度,减少了颗粒间的摩擦阻力,从而降低屈服应力,提高 HPC 的流动性[34-37]。另外, 矿物微粉覆盖在水泥颗粒表面,形成隔离效应,延缓了水泥水化产物的形成。

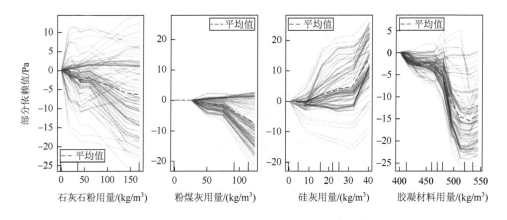

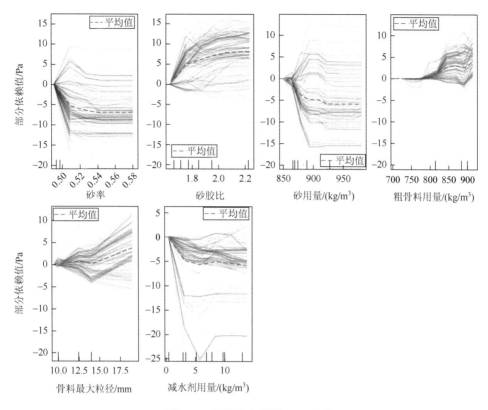

图 4.32　屈服应力模型 PDP 分析

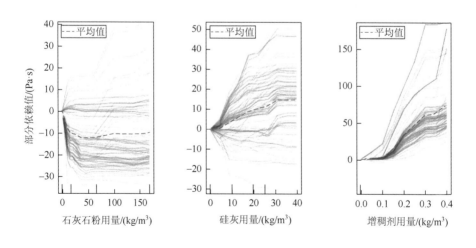

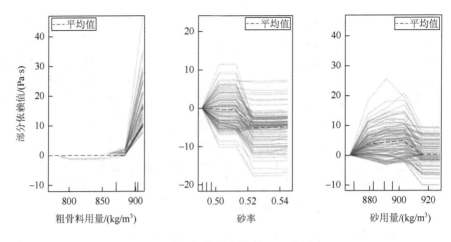

图 4.33　塑性黏度模型 PDP 分析

　　粉煤灰球形颗粒的润滑作用对降低屈服应力也有一定的效果。与此相反,硅灰的添加会提高 HPC 的屈服应力和塑性黏度,这与其优良的反应性、细度和火山灰特性有关,增强了水化产物与颗粒间的黏结[34, 35, 38]。此外,胶凝材料总用量的增加则降低了混凝土的屈服应力,这是因为浆体增多使得骨料间的直接接触减少,降低了混合物的屈服应力。

　　粗骨料和细骨料对 HPC 的流变特性影响复杂。图 4.32 显示,砂用量或砂率的提高能够降低 HPC 的屈服应力。在 HPC 体系中,砂浆充填了骨料之间的空隙。随着砂用量的增加,更多砂浆填充这些空隙,减少了骨料间的摩擦和相互咬合,从而降低屈服应力[39]。进一步增加砂用量会增加骨料的总表面积,若水泥浆体量固定不变,则覆盖在骨料表面的水泥浆层厚度将变薄,减少骨料间的黏结力和保水性,从而降低塑性黏度(图 4.33)。此外,随着粗骨料用量的增加,屈服应力和塑性黏度也会相应增加。HPC 可被视为由砂浆和骨料组成的双相复合材料。增加粗骨料用量意味着粗骨料间隔的砂浆层减少,降低了砂浆的包裹效果,减小了相邻粗骨料间的间距[40],增强了摩擦或锁定效应,增加了混凝土在自身重力作用下的流动和变形的难度。

　　此外,一些掺合料如高效减水剂和黏度改性剂会对 HPC 混合物的流变特性产生影响。高效减水剂能够降低屈服应力,但对塑性黏度的影响相对较小。在新拌 HPC 中,高效减水剂通过分散和润滑作用减少颗粒间的摩擦,而不显著影响黏度。而黏度改性剂的添加则会显著提高塑性黏度,并略微增加屈服应力。这种差异反映了两种掺和剂在调节混凝土流变行为中的作用机制不同。

　　图 4.32 和图 4.33 中的 PDP 展示了 HPC 组成成分与流变参数之间的关系。这些图表为根据特定流变要求设计和优化 HPC 配合比提供了宝贵的信息。例如,当

需实现特定的流变参数时，这些 PDP 图可以指导选择合适的 HPC 配合比或调整现有配合比，以确保满足特定的流变要求。

需要指出的是，PDP 作为一种数学统计方法，能够评估目标与特征之间的整体趋势，但它并不能解释单个预测结果。这是因为每个预测结果可能受到多个特征及其组合的影响。正如图 4.32 所展示的，不同样本之间存在离散性和不一致性，这主要是由于模型综合了多个因素在不同层次上的影响以及特征之间的相互作用。文献[41]综述了关于 HPC 配合比对流变和性能影响的研究，不同研究得出的结果存在矛盾，这主要是因为传统研究方法仅关注特定情况，而忽视了整体情况。本书通过 PDP 方法实现了双重验证，既精准提取多因素交互特征，又证实了模型在复杂关联分析中的鲁棒性。虽然分析参数的平均值可能无法完全反映单个个体的情况，但它们描述了大多数情况，并在一定程度上减少了个体差异的影响。此外，本研究中 PDP 均值反映的趋势与客观事实相符，并可通过物理知识得到合理解释，进一步验证了该方法的应用有效性。

4.7.2　自密实混凝土流变与工作性能关联性研究

新拌 HPC 的工作性能受流动性、流速（黏度）、通过性和抗离析性等多种因素的影响。虽然"工作性能"一词在物理学上未有明确定义，也不能直接描述流变行为，但它与流变学密切相关，因为工作性能是流变行为的宏观表现。在实际操作中，直接测量新拌 HPC 的流变参数存在一定难度，通常通过工作性能指标来评价其质量。因此，研究并建立流变参数与工作性能之间的关联对于理解二者之间的物理联系、开发 HPC 的预测及设计方法具有重要意义。

根据现行规范和相关文献[42-44]，评估新拌 HPC 的常用测试方法包括坍落扩展度、L 型仪、V 型漏斗和筛分离析测试。坍落扩展度用于测量 HPC 的流动性，V 型漏斗时间反映其流速（黏度），L 型仪评价通过能力，筛分离析测试则用于评估抗离析性。合格的 HPC 需同时满足这些多样的性能指标，这使测试和设计流程变得相当复杂。本节采用 ML 模型，将这四个工作性能指标与屈服应力和塑性黏度两个流变参数进行关联，这种关联有助于简化 HPC 的质量评估过程，并提供一种更为直观的方式来理解 HPC 的性能。

1. 基于流变特性的工作性能预测

下面使用 RF 模型建立了四个工作性能指标与两个流变参数之间的关系，并经过精心训练，建立四个基于 ML 的预测模型。

坍落扩展度测试是评估 HPC 流动性的常规方法。根据欧洲 HPC 指南，坍落扩展度应不低于 550 mm。本章通过研究新拌 HPC 的流变特性，构建了一个 RF 模型来预测坍落扩展度。通过网格搜索和交叉验证方法，对 RF 模型的超参数进行了优化，其中最大深度（max_depth）设定为 78，最大特征数（max_features）设定为 2，决策树数量（n_estimators）设定为 60。图 4.34 展示了该模型的性能表现，该 RF 模型利用屈服应力和塑性黏度成功预测了 HPC 的坍落扩展度，测试集 RMSE 为 14.54 mm，协议指数为 0.97，R^2 为 0.97。大多数数据点位于置信区间内，所有预测相对误差均在 10%以内。此外，测试集的预测精度与训练集相似（$R^2 = 0.98$，RMSE = 11.00 mm，协议指数 = 0.99），说明模型具有优良的泛化能力。

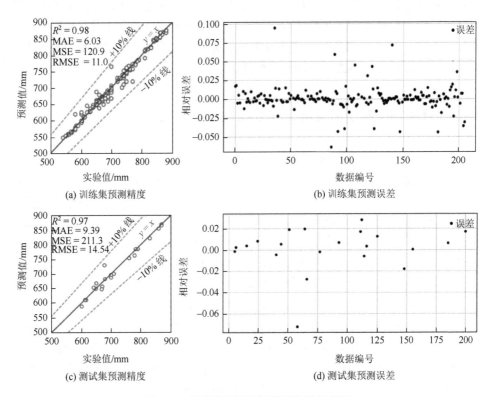

图 4.34　坍落扩展度预测模型的性能表现

L 型仪测试是评估 HPC 通过能力的一种标准方法，根据欧洲 HPC 指南，L 型仪测试的结果不应低于 0.8。本章基于 HPC 的流变特性，构建了一个 RF 模型预测 L 型仪比值。通过网格搜索和交叉验证，优化了 RF 模型的超参数设置，其中最大深度（max_depth）为 80，最大特征数（max_features）为 2，决策树数量（n_estimators）为 650。图 4.35 展示了该模型的预测性能。模型利用两个流变参数准确预测了 HPC 的 L 型仪比值，测试集 RMSE 为 0.025，协议指数为 0.94，R^2 为 0.94。大部分数据点均位于 ±10% 的误差界限内，预测误差率几乎均小于 7%。此外，模型在测试集与训练集之间展现出相似的预测精度（$R^2 = 0.98$，RMSE = 0.015，协议指数 = 0.98），证明了其良好的泛化能力。

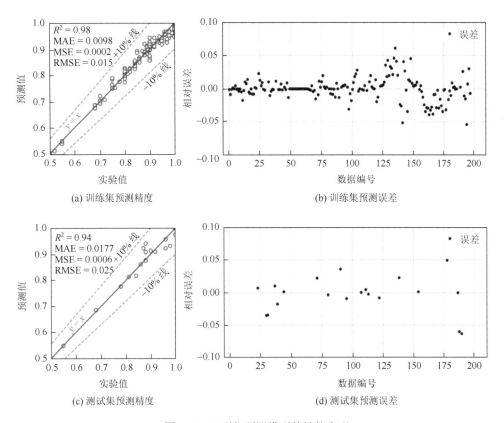

图 4.35　L 型仪预测模型的性能表现

V 型漏斗测试是评估 HPC 流速（黏度）的一种常用方法，根据欧洲 HPC 指南，V 型漏斗时间不得超过 25 s。本章基于新拌 HPC 的流变特性，开发了一个 RF 模型来预测 V 型漏斗时间。通过交叉验证，对 RF 模型的超参数进行了优化，包括最大深度（max_depth）设为 65，最大特征数（max_features）为 2，决策树数量（n_estimators）设为 500。图 4.36 展示了所提出的 V 型漏斗时间预测模型的性能。该模型利用屈服应力和塑性黏度，成功预测了新拌 HPC 的 V 型漏斗时间，测试集 RMSE 为 1.33 s，协议指数为 0.99，R^2 为 0.99，其中 83% 的预测相对误差小于 10%。此外，测试集的预测精度与训练集相似（$R^2 = 0.98$，RMSE = 1.24 s，协议指数 = 0.98），表明模型具有良好的泛化能力。

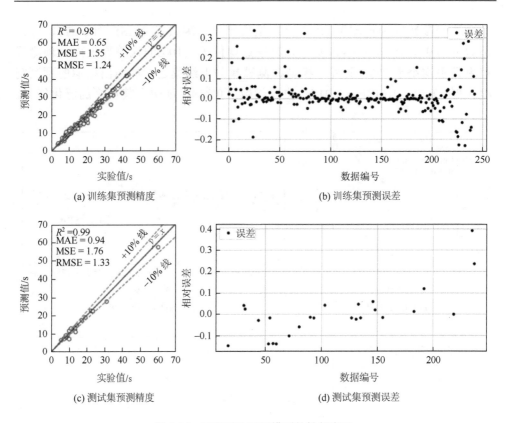

图 4.36　V 型漏斗预测模型的性能表现

筛分离析测试是用来评估新拌 mHPC 的抗离析性的常用方法。根据欧洲 HPC 指南，HPC 的离析率不应超过 20%。本章基于流变特性，开发了一个 RF 模型来预测离析率。经过网格搜索和交叉验证，确定了 RF 模型的超参数：最大深度（max_depth）为 65，最大特征数（max_features）为 2，以及决策树数量（n_estimators）为 60。图 4.37 展示了该离析率预测模型的性能。利用流变特性，该 RF 模型在测试集中成功预测了 HPC 的离析率，RMSE 为 1.31%，协议指数为 0.92，R^2 为 0.93，其中 84% 的预测误差率在 15% 以内。值得一提的是，测试集的预测精度与训练集相当（$R^2 = 0.95$，RMSE = 0.75%，协议指数 = 0.96），显示出模型具有优良的泛化能力。

2. 自密实混凝土流变特性对工作性能影响机理分析

本章通过 RF 算法，基于流变学参数精确预测了 HPC 的工作性能。然而，与其他 ML 模型一样，RF 具有高度复杂和不透明的特性，通常被视作"黑盒"。因此，尽管此模型能够准确预测性能，其内部特征如何具体影响工作性能指标仍

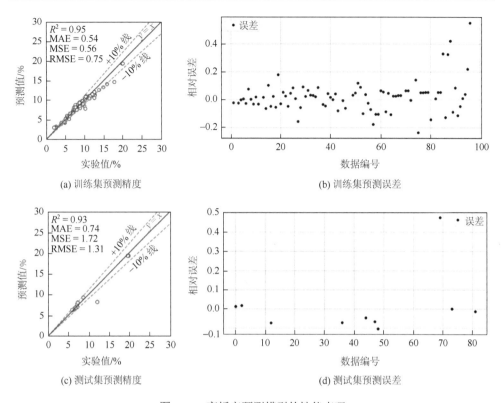

(a) 训练集预测精度　　　　　　(b) 训练集预测误差

(c) 测试集预测精度　　　　　　(d) 测试集预测误差

图 4.37　离析率预测模型的性能表现

不明确。SHAP 被认为是解释复杂 ML 模型的有效工具，本章利用 SHAP 方法分析了屈服应力和塑性黏度对四个工作性能指标的影响。

图 4.38 展示了由 RF 模型预测的四个工作性能指标的 SHAP 平均值。结果表明，HPC 的工作性能与其流变参数紧密相关。在评估 L 型仪比值、V 型漏斗时间和离析率时，塑性黏度的 SHAP 值显著高于屈服应力，说明这三个性能指标主要受塑性黏度的影响。相对而言，坍落扩展度主要受屈服应力的影响，这是由于屈服应力定义了材料开始流动所需的最小剪切应力，而塑性黏度描述了材料在受力时抵抗流动的能力。因此，坍落扩展度（反映流动性）和离析率（反映抗离析性）与屈服应力和塑性黏度的关系非常密切。

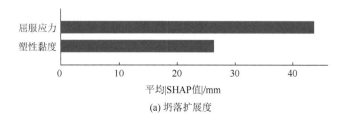

(a) 坍落扩展度

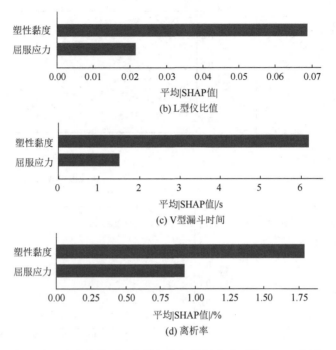

图 4.38　流变参数对工作性能指标的影响重要性 SHAP 分析

　　图 4.39 基于 RF 模型展示了流变参数的全局 SHAP 分析。结果表明，流变参数与坍落扩展度、L 型仪比值和离析率呈负相关，与 V 型漏斗时间呈正相关。

　　坍落扩展度衡量了新拌混合物在无约束条件下的流动性。如图 4.39（a）所示，随着屈服应力的增加，坍落扩展度减小，因为混合物需要更高的剪切应力才能流动。L 型仪测试则反映了新拌混合物在通过有限空间和狭窄通道（例如加筋区域）时不发生离析或堵塞的能力。图 4.39（b）中，随着塑性黏度的增加，L 型仪比值减小，表明较高的黏度会抑制混凝土的流动，降低 h_2/h_1 比值。V 型漏斗时间通过测量混合物流动的速度间接反映 HPC 的黏度。如图 4.39（c）所示，较低的塑性

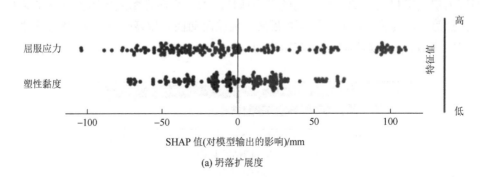

(a) 坍落扩展度

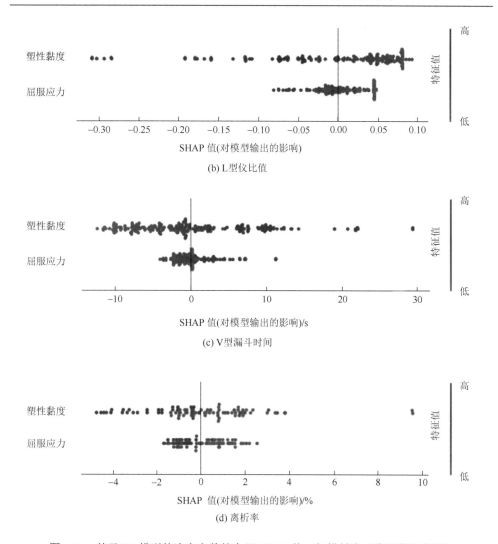

图 4.39　基于 RF 模型的流变参数的全局 SHAP 值（扫描封底二维码获取彩图）

黏度可能导致混合物在初期迅速流动，随后突然停止；较高的塑性黏度则使混合物持续缓慢流动。离析率作为评估 HPC 均匀性的重要指标，离析率作为评估 HPC 均匀性的重要指标，图 4.39（d）表明离析率随塑性黏度的减小而增加，这是因为较低的黏度不足以维持组分的均匀分散，从而导致分层现象。

　　本章通过 RF 算法进行了二维 PDP 分析，以量化不同特征对工作性能指标的具体影响。分析结果如图 4.40 所示。在 PDP 分析中，单一特征对目标影响的评估是在其他特征值保持固定的情况下进行的。

　　图 4.40（a）展示了流变参数对 HPC 坍落扩展度的显著影响，尤其是屈服应

力的作用。随着屈服应力增加，PDP 值显著下降，这与先前关于坍落扩展度的研究成果[45, 46]相吻合。这一现象表明，较高的屈服应力意味着混合物在开始流动前需要更大的剪切应力，从而导致坍落扩展度的降低。

关于 L 型仪比值，如图 4.40（b）所示，随着塑性黏度从 20 Pa·s 增至约 190 Pa·s，L 型仪比值的 PDP 值几乎呈线性下降至−0.23。塑性黏度的增加导致 L 型仪比值降低，反映在通过能力的提升。当 HPC 混合物穿过钢筋间隙时，由于空间限制，体系中的粗骨料被迫重新分布，混合物需展现足够的变形能力，以应对粗骨料在重新分布过程中产生的作用力及穿越狭窄空间所遭遇的钢筋阻挡引起的剪切力。较低黏度的混合物难以充分包裹骨料，从而影响其流动。另外，当屈服应力从 0 增加至 100 Pa 时，PDP 值仅略有下降至−0.08，说明其与 L 型仪比值的相关性较低。值得注意的是，粗骨料用量也会影响混合物的通过能力，因为过多的粗骨料可能会引起堵塞和离析。然而，本节的重点是探讨流变参数对工作性能的影响，对粗骨料的具体影响并未详细讨论。

图 4.40（c）展示了流变参数对 V 型漏斗时间的影响。V 型漏斗时间主要受塑性黏度的影响，而屈服应力的影响相对较小。塑性黏度从约 20 Pa·s 增加到约 190 Pa·s 时，对 V 型漏斗时间造成显著的影响，PDP 值几乎呈线性上升至 23 s。相较之下，屈服应力对 V 型漏斗时间的最大影响仅约为 4 s，这与已有的研究成果[47]相符。

如图 4.40（d）所示，塑性黏度对 HPC 的离析率有显著影响。当塑性黏度从大约 20 Pa·s 增加到约 200 Pa·s 时，PDP 值降低至−6.3%，有利于提高颗粒之间的内聚力，从而增强抗离析性。HPC 可以视为由砂浆和粗骨料组成的二相悬浮体系，在这一体系中，粗骨料颗粒同时受到向下的重力、向上的浮力和摩擦阻力的作用。

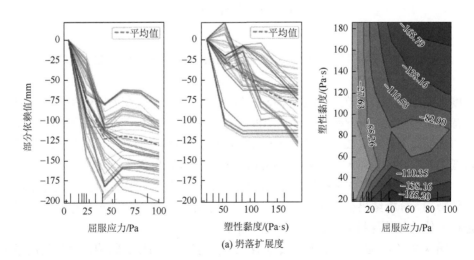

(a) 坍落扩展度

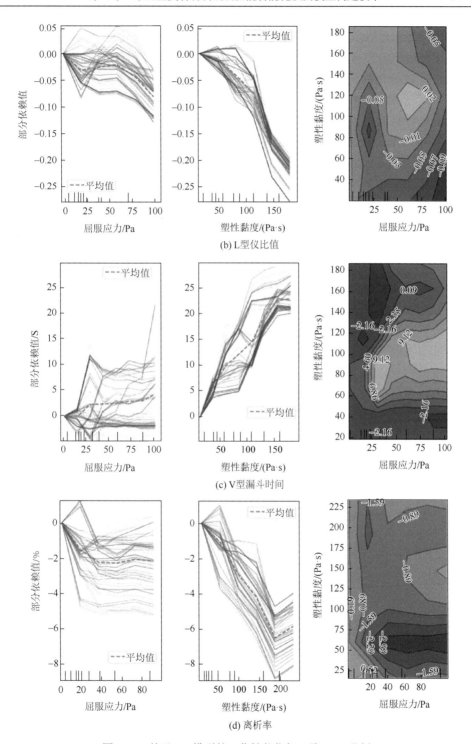

图 4.40　基于 RF 模型的工作性能指标二维 PDP 分析

在塑性黏度和屈服应力较高的混合物中，摩擦阻力较大，足以平衡向下的重力，从而维持颗粒的静态平衡状态。

这些 PDP 值的结果与本章中观察到的 SHAP 特征重要性相吻合。

尽管二维 PDP 分析有效描述了流变参数对四个工作性能指标的具体影响，但是特征对目标的耦合作用尚未明确。为此，本章进行了基于 RF 模型的三维 PDP 分析，以展示屈服应力和塑性黏度对 HPC 混合物四个工作性能指标的耦合影响，如图 4.41 所示。图 4.41（a）揭示了坍落扩展度在很大程度上受到两个流变参数的耦合作用影响。随着屈服应力和塑性黏度的增加，坍落扩展度显著降低。结果表明，当屈服应力低于 40 Pa 或塑性黏度低于 50 Pa·s 时，坍落扩展度对流变参数的响应更为敏感，这是由于在低屈服应力或低塑性黏度下，颗粒之间的摩擦阻力和内聚力减小，颗粒易于对重力作出反应并流动。然而，在较高的屈服应力或塑性黏度条件下，混合物表现出更为固结的特性，难以改变其流动状态。图 4.41（b）展示了流变特性和 L 型仪比值的依赖性关系，显示 L 型仪比值对塑性黏度的依赖性超过屈服应力。同样，如图 4.41（c）所示，塑性黏度是影响 V 型漏斗时间的主要因素。在高屈服应力或高塑性黏度的情况下，流变参数对 V 型漏斗时间的影响较小，因为较大的颗粒间摩擦阻力和内聚力难以克服，导致流动时间也较长。图 4.41（d）表明，抗离析性主要受塑性黏度控制。特别是在屈服应力低于 40 Pa 时，离析率对屈服应力的敏感性增加。

总结而言，塑性黏度是决定 HPC 的通过能力、黏度和抗离析性的主要因素，而屈服应力则主要影响流动性。这一发现与二维 PDP 分析及 SHAP 分析的结果相一致。

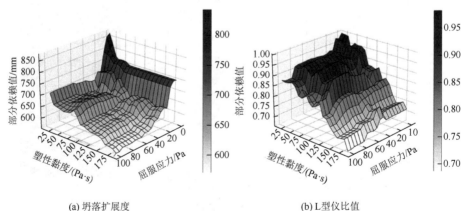

(a) 坍落扩展度　　　　　　　　　　　　　(b) L型仪比值

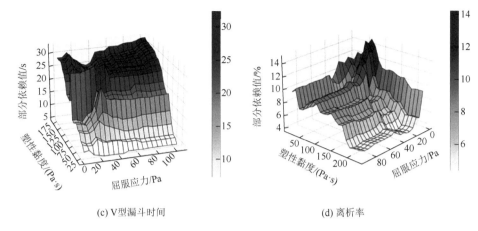

(c) V 型漏斗时间　　　　　　　　　　　(d) 离析率

图 4.41　基于 RF 模型的工作性能指标在流变参数上的三维 PDP 分析

4.7.3　自密实混凝土流变特性与力学性能关联性研究

1. 基于流变特性的力学性能预测

基于 HPC 的流变学参数，本书提出了一个 RF 模型来预测其 28 d 抗压强度。通过网格搜索和交叉验证确定最佳超参数，包括 max_depth、max_features 和 n_estimators，其参数分别设置为 70、2 和 700。图 4.42 展示了所建立的 28 d 抗压强度预测模型的性能表现。如图 4.42 所示，RF 模型利用两个流变特性作为输入，在测试集中准确地预测了 HPC 混合物的 28 d 抗压强度，其 RMSE 为 2.24 MPa，一致性指数为 0.94，R^2 为 0.94。大多数数据点位于其 ±10% 边界内，几乎所有预测的相对误差均小于 15%。此外，测试集与训练集的预测准确度相当（$R^2 = 0.98$，RMSE = 1.80 MPa，一致性指数 = 0.98），表明本章提出的模型具有良好的泛化能力。

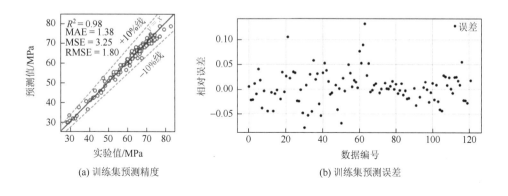

(a) 训练集预测精度　　　　　　　　　　(b) 训练集预测误差

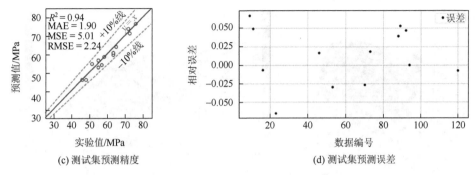

(c) 测试集预测精度　　　　　　　　　　(d) 测试集预测误差

图 4.42　28 d 抗压强度预测模型性能表现

2. 自密实混凝土流变特性对力学性能影响机理分析

同样，使用 SHAP 分析了屈服应力和塑性黏度对 28 d 抗压强度的影响。图 4.43 展示了由 RF 模型获得的对应于 28 d 抗压强度预测的屈服应力和塑性黏度的 SHAP 平均值。可以观察到，HPC 的 28 d 抗压强度与流变参数密切相关。对于 28 d 抗压强度，塑性黏度的 SHAP 值远大于屈服应力，表明 HPC 的强度主要受到塑性黏度的影响。

图 4.44 展示了基于 RF 模型的流变参数的全局 SHAP 值。从图中可以看出，屈服应力和塑性黏度与 28 d 抗压强度呈正相关。即随着这两个流变参数的增加，HPC 的强度显著提高。

此外，本节还进行了基于 RF 模型的二维 PDP 分析，如图 4.45 所示。结果显示，HPC 的 28 d 抗压强度受流变参数的显著影响，尤其是塑性黏度。随着塑性黏度的增加，PDP 值持续上升，这可能是因为较高的塑性黏度增强了颗粒间的内聚力和摩擦阻力，随着胶凝材料的水化反应，形成了较为密实的水化产物，进而提升了强度。

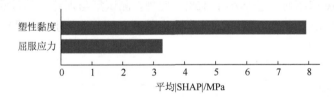

图 4.43　流变参数对 28 d 抗压强度的重要性 SHAP 分析

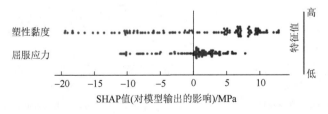

图 4.44　基于 28 d 抗压强度 RF 模型的全局 SHAP 值（扫描封底二维码获取彩图）

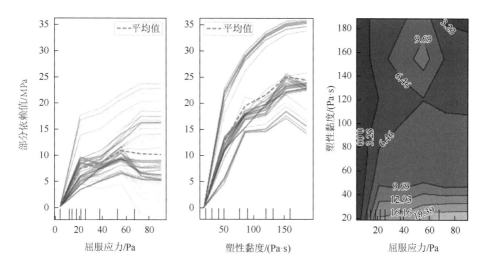

图 4.45　基于 RF 模型的 28 d 抗压强度对屈服应力和塑性黏度的二维 PDP 分析

本节还使用 3 维 PDP 分析研究了屈服应力和塑性黏度对 28 d 抗压强度的耦合影响，如图 4.46 所示。分析结果表明，28 d 抗压强度在很大程度上取决于这两种流变参数的耦合作用。屈服应力和塑性黏度越高，强度越大。此外，结果还显示，在低屈服应力（小于 40 Pa）或低塑性黏度（小于 80 Pa·s）时，强度对流变参数的依赖性更为显著。

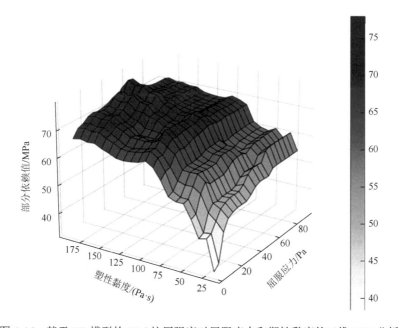

图 4.46　基于 RF 模型的 28 d 抗压强度对屈服应力和塑性黏度的三维 PDP 分析

4.8　本章小结

本章系统地应用了可解释 ML 模型，深入研究了 HPC 的性能预测问题。通过整合 SVM 和 RF 等多种模型，构建了一套能够综合预测混凝土的流变、工作、力学及耐久性能的模型。以下为本章的主要研究结果。

（1）经过精心训练，SVR 和 RF 模型在预测自密实混凝土的工作、力学、耐久性能方面表现出高准确性。这主要归因于在模型建立之前进行的系统特征工程，该过程选择了更为显著的特征，并为所提出的模型建立了更合适的数据集。此外，模型在训练集和测试集上均具有较高的精度，表明所提出模型具有良好的泛化能力。

（2）对于自密实混凝土的 28 d 抗压强度和坍落扩展度，水胶比（W/B）被确认为最具影响力的特征，其 SHAP 平均值分别为 3.1 和 12.0。此外，水泥强度等级也对自密实混凝土的强度产生影响（SHAP 平均值为 2.9），但其对坍落扩展度的影响较小（SHAP 平均值为 1.8）。SHAP 方法成功地解释了不同情境下的样本预测，并合理分析了整体结构。通过将 ML 模型与 SHAP 可解释算法相结合，本章所提出的模型具备了物理合理性，使工程师能够更有信心地预测和设计自密实混凝土。此外，这一方法还为软件开发人员改进和调试模型提供了便利。

（3）当屈服应力低于 40 Pa 或塑性黏度低于 50 Pa·s 时，坍落扩展度对流变参数的影响更为敏感，这是由于在低屈服应力或低塑性黏度下，颗粒之间的摩擦阻力和内聚力减小，颗粒易于对重力作出反应并流动。然而，在较高的屈服应力或塑性黏度条件下，混合物表现出更为固结的特性，难以改变其流动状态。

本章提出的方法在自密实混凝土设计中具有潜在的应用价值。需要强调的是，本章介绍的是一种方法框架，而非具体模型。该方法具备"自动调优"功能，可以轻松地将新数据集成到模型中，而新的高质量数据将有助于进一步优化该预训练模型，提高其泛化能力。

参 考 文 献

[1] Toutanji H, Goff C, Pierce K, et al. Using aggregate flowability testing to predict lightweight self-consolidating concrete plastic properties[J]. Cement and Concrete Composites, 2015, 62: 59-66.

[2] Wu M M, Xiong X, Shen W G, et al. Material design and engineering application of Fair-faced self-compacting concrete[J]. Construction and Building Materials, 2021, 300: 123992.

[3] Hosseinpoor M, Koura B I O, Yahia A. Rheo-morphological investigation of static and dynamic stability of self-consolidating concrete: A biphasic approach[J]. Cement and Concrete Composites, 2021, 121: 104072.

[4] Devi K, Aggarwal P, Saini B. Admixtures used in self-compacting concrete: A review[J]. Iranian Journal of Science and Technology, Transactions of Civil Engineering, 2020, 44（2）: 377-403.

[5] Gomaa E, Han T H, Elgawady M, et al. Machine learning to predict properties of fresh and hardened alkali-activated concrete[J]. Cement and Concrete Composites, 2021, 115: 103863.

[6] Sua-iam G, Sokrai P, Makul N. Novel ternary blends of Type 1 Portland cement, residual rice husk ash, and limestone powder to improve the properties of self-compacting concrete[J]. Construction and Building Materials, 2016, 125: 1028-1034.

[7] Jayaprakash G, Muthuraj M P. Prediction of compressive strength of various SCC mixes using relevance vector machine[J]. Computers, Materials & Continua, 2018, 54 (1): 83-102.

[8] Saha P, Debnath P, Thomas P. Prediction of fresh and hardened properties of self-compacting concrete using support vector regression approach[J]. Neural Computing and Applications, 2020, 32 (12): 7995-8010.

[9] Farooq F, Czarnecki S, Niewiadomski P, et al. A comparative study for the prediction of the compressive strength of self-compacting concrete modified with fly ash[J]. Materials, 2021, 14 (17): 4934.

[10] Prasad B K R, Eskandari H, Reddy B V V. Prediction of compressive strength of SCC and HPC with high volume fly ash using ANN[J]. Construction and Building Materials, 2009, 23 (1): 117-128.

[11] Uysal M, Tanyildizi H. Predicting the core compressive strength of self-compacting concrete (SCC) mixtures with mineral additives using artificial neural network[J]. Construction and Building Materials, 2011, 25 (11): 4105-4111.

[12] Siddique R, Aggarwal P, Aggarwal Y. Prediction of compressive strength of self-compacting concrete containing bottom ash using artificial neural networks[J]. Advances in Engineering Software, 2011, 42 (10): 780-786.

[13] Awoyera P O, Kirgiz M S, Viloria A, et al. Estimating strength properties of geopolymer self-compacting concrete using machine learning techniques[J]. Journal of Materials Research and Technology, 2020, 9 (4): 9016-9028.

[14] Kovacevic M, Lozancic S, Nyarko E K, et al. Modeling of compressive strength of self-compacting rubberized concrete using machine learning[J]. Materials, 2021, 14 (15): 4346.

[15] Sonebi M, Cevik A, Grunewald S, et al. Modelling the fresh properties of self-compacting concrete using support vector machine approach[J]. Construction and Building Materials, 2016, 106: 55-64.

[16] Ben C W, Flah M, Nehdi M L. Machine learning prediction of mechanical properties of concrete: Critical review[J]. Construction and Building Materials, 2020, 260: 119889.

[17] Zhang J F, Ma G W, Huang Y M, et al. Modelling uniaxial compressive strength of lightweight self-compacting concrete using random forest regression[J]. Construction and Building Materials, 2019, 210: 713-719.

[18] Feng D C, Liu Z T, Wang X D, et al. Machine learning-based compressive strength prediction for concrete: An adaptive boosting approach[J]. Construction and Building Materials, 2020, 230: 117000.

[19] Quan T V, Quoc D V, Si H L. Evaluating compressive strength of concrete made with recycled concrete aggregates using machine learning approach[J]. Construction and Building Materials, 2022, 323: 126578.

[20] Chen N, Zhao S B, Gao Z W, et al. Virtual mix design: Prediction of compressive strength of concrete with industrial wastes using deep data augmentation[J]. Construction and Building Materials, 2022, 323: 126580.

[21] Ghoddousi P, Shirzadi J A A, Sobhani J. Effects of particle packing density on the stability and rheology of self-consolidating concrete containing mineral admixtures[J]. Construction and Building Materials, 2014, 53: 102-109.

[22] Karadumpa C S, Pancharathi R K. Developing a novel mix design methodology for slow hardening composite cement concretes through packing density approach[J]. Construction and Building Materials, 2021, 303: 124391.

[23] Vance K, Kumar A, Sant G, et al. The rheological properties of ternary binders containing Portland cement, limestone, and metakaolin or fly ash[J]. Cement and Concrete Research, 2013, 52: 196-207.

[24]　Ahari R S，Erdem T K，Ramyar K. Thixotropy and structural breakdown properties of self consolidating concrete containing various supplementary cementitious materials[J]. Cement and Concrete Composites，2015，59：26-37.

[25]　Park C K，Noh M H，Park T H. Rheological properties of cementitious materials containing mineral admixtures[J]. Cement and Concrete Research，2005，35（5）：842-849.

[26]　Ezziane K，Ngo T T，Kaci A. Evaluation of rheological parameters of mortar containing various amounts of mineral addition with polycarboxylate superplasticizer[J]. Construction and Building Materials，2014，70：549-559.

[27]　Yahia A. Effect of limestone powder on rheological behavior of highly-flowable mortar[J]. Concrete Engineering Annual Proceedings，1999，21（2）：559-564.

[28]　Harini M，Shaalini G，Dhinakaran G. Effect of size and type of fine aggregates on flowability of mortar[J]. KSCE Journal of Civil Engineering，2012，16（1）：163-168.

[29]　Aïssoun B M，Hwang S D，Khayat k H. Influence of aggregate characteristics on workability of superworkable concrete[J]. Materials and Structures，2016，49（1）：597-609.

[30]　Perrot A，Lecompte T，Khelifi H，et al. Yield stress and bleeding of fresh cement pastes[J]. Cement and Concrete Research，2012，42（7）：937-944.

[31]　Brumaud C，Baumann R，Schmitz M，et al. Cellulose ethers and yield stress of cement pastes[J]. Cement and Concrete Research，2014，55：14-21.

[32]　Yahyaei B，Asadollahfardi G，Salehi A M，et al. Study of shear-thickening and shear-thinning behavior in rheology of self-compacting concrete with micro-nano bubble[J]. Structural Concrete，2022，23（3）：1920-1932.

[33]　Long W，Cheng B，Luo S，et al. Interpretable auto-tune machine learning prediction of strength and flow properties for self-compacting concrete[J]. Construction and Building Materials，2023，393：132101.

[34]　Ben A M，Burtschell Y，Alaoui A H，et al. Correlation between bleeding and rheological characteristics of self-compacting concrete[J]. Journal of Materials in Civil Engineering，2017，29（6）：05017001.

[35]　Benaicha M，Belcaid A，Alaoui A H，et al. Rheological characterization of self-compacting concrete：New recommendation[J]. Structural Concrete，2019，20（5）：1695-1701.

[36]　Yang S，Zhang J B，An X H，et al. Effects of fly ash and limestone powder on the paste rheological thresholds of self-compacting concrete[J]. Construction and Building Materials，2021，281：122560.

[37]　Benjeddou O，Soussi C，Jedidi M，et al. Experimental and theoretical study of the effect of the particle size of limestone fillers on the rheology of self-compacting concrete[J]. Journal of Building Engineering，2017，10：32-41.

[38]　Benaicha M，Belcaid A，Alaoui A H，et al. Effects of limestone filler and silica fume on rheology and strength of self-compacting concrete[J]. Structural Concrete，2019，20（5）：1702-1709.

[39]　Hu J，Wang K. Effect of coarse aggregate characteristics on concrete rheology[J]. Construction and Building Materials，2011，25（3）：1196-1204.

[40]　Zhao Y，Duan Y，Zhu L，et al. Characterization of coarse aggregate morphology and its effect on rheological and mechanical properties of fresh concrete[J]. Construction and Building Materials，2021，286：122940.

[41]　Jiao D，Shi C，Yuan Q，et al. Effect of constituents on rheological properties of fresh concrete-A review[J]. Cement and Concrete Composites，2017，83：146-159.

[42]　Turk K，Bassurucu M，Bitkin R E. Workability，strength and flexural toughness properties of hybrid steel fiber reinforced SCC with high-volume fiber[J]. Construction and Building Materials，2021，266：120944.

[43]　Sua-Iam G，Chatveera B. A study on workability and mechanical properties of eco-sustainable self-compacting concrete incorporating PCB waste and fly ash[J]. Journal of Cleaner Production，2021，329：129523.

[44]　Rashwan M A，Al Basiony T M，Mashaly A O，et al. Self-compacting concrete between workability performance

and engineering properties using natural stone wastes[J]. Construction and Building Materials，2022，319：126132.

[45]　Wang Y，Chen S G，Qiu L C，et al. Experimental study on the slump-flow underwater for anti-washout concrete[J]. Construction and Building Materials，2023，365：130026.

[46]　Liu J Z，An M Z，Wang Y，et al. Research on the relation between slump flow and yield stress of ultra-high performance concrete mixtures[J]. Materials，2022，15（22）：8104.

[47]　Long W J，Khayat K H，Yahia A，et al. Rheological approach in proportioning and evaluating prestressed self-consolidating concrete[J]. Cement and Concrete Composites，2017，82：105-116.

第5章 物理信息机器学习混合驱动的水泥基复合材料性能预测模型融合机制研究

5.1 引 言

本章介绍了基于流变学的屈服应力（yield stress，YS）和塑性黏度（plastic viscosity，PV）物理信息方程及物理信息 ML 融合模型的原理，并且对物理信息 ML 融合模型预测效果进行了分析。针对 YS 和 PV 预测建立了融合模型，详细介绍了损失函数的修改过程和优化步骤。为了提升模型在水泥基复合材料性能预测中的表现，采用了三种不同的优化算法进行超参数调优，并对其效果进行了详细比较，确定了自动调优效率和效果最佳的优化算法。通过比较采用自动调优与随机生成超参数的模型预测效果，突出了自动调优方法的有效性和必要性。基于所提出的超参数自动调优方法，对 YS 和 PV 进行了高精度预测，详细阐述了融合模型损失函数的修改过程，并且比较分析了所建立的融合模型与其他模型的预测效果。此外，本章还采用 SHAP 方法对水泥基复合材料性能预测模型进行了可解释性分析，直观展示了各类输入参数对输出性能的具体影响（包括正负贡献和影响大小）。

5.2 物理信息机器学习融合模型原理

纯数据驱动的方法在解决各种科学问题时显示出显著的优势。然而，作为依赖训练数据的黑盒模型，ML 在普遍解决科学与工程问题方面存在不足。考虑时间和经济成本，收集到足够的数据集是不切实际的，这进一步限制了 ML 的适用性，并且缺乏全面的训练数据或存在大量噪声的数据阻碍了数据驱动预测模型的开发。因此，确保纯数据驱动 ML 模型的物理合理性变得困难，而 PIML 作为一种创新的解决方案，通过将物理知识整合到 ML 模型中以指导其训练过程，已经引起了越来越多的关注，Karpatne 等[1]首先正式概念化了理论引导的数据科学范式。Karniadakis 等[2]回顾了地球科学领域中将机理模型嵌入 ML 的一些流行趋势，介绍了当前的一些功能和局限性。沈焕锋等[3]将机理模型与 ML 模型的融合分为三个基本范式：机理级联学习、学习嵌入机理、机理融进学习。目前，PIML 已经在地球科学[4]、量子化学[5]、材料科学[6]、分子模拟[7]以及土木工程防灾减灾[8]

等研究领域展示出了成功的融合思想和应用案例。

PIML 的建模范式可以分为以下四类（图 5.1）。第一种方式是利用物理模型指导 ML 模型进行预训练。这里的预训练指的是利用物理模型的知识，帮助 ML 模型在训练前获得更合理的初始参数设置，从而缩短收敛时间，提高训练效率。第二种方式是利用物理模型指导机器学习模型进行内部架构优化。也就是说，通过引入物理模型的约束或者特性，来优化 ML 模型的结构，使得模型不仅具备更高的准确性，也符合物理规律和实际应用需求。第三种方式是利用物理模型指导 ML 模型进行损失函数优化。在这个过程中，我们利用物理模型的信息调整损失函数的设计，让模型在训练时关注物理模型上重要的特征，从而提升最终的模型性能。最后一种方式是利用 ML 模型指导物理模型进行参数优化。ML 模型可以在大量数据中挖掘出最优参数组合，为物理模型的参数设置提供有价值的参考，从而提升物理模型的预测精度和应用效果。

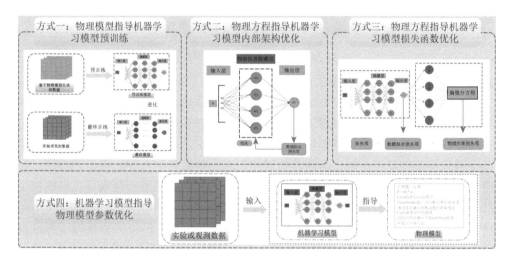

图 5.1　PIML 建模范式

5.2.1　不同融合方式原理

1. 机器学习模型损失函数融合物理信息

在 PIML 中最常见的方法是构造一个物理信息的损失函数。物理信息损失函数是通过在传统损失函数中加入物理一致性约束，提高模型的预测准确性和泛化能力，一般来说，物理信息损失函数可以由两部分组成：数据拟合损失项和物理约束损失项（图 5.2）。

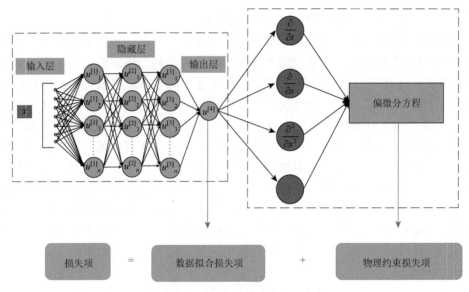

图 5.2　ML 损失函数融合物理信息

$$L(\theta) = L_{\text{data}}(\theta) + L_{\text{phys}}(\theta) \tag{5.1}$$

式中，$L(\theta)$ 是整个系统的损失；第一项 $L_{\text{data}}(\theta)$ 是数据拟合项，即 ML 模型的损失，通常用来衡量 ML 模型在训练数据上的拟合程度，一般是 MSE 或 RMSE 损失；第二项 $L_{\text{phys}}(\theta)$ 是物理约束项，即基于物理的损失，通常以一种数学形式的惩罚项存在，用来强制模型遵循物理规律或先验知识。

通过构造物理信息损失函数将物理知识或先验信息融入 ML 模型的方法已经得到了广泛的应用，有研究表明，将物理约束与神经网络进行集成可以提高模型的准确性和泛化能力，例如 Li 等[9]通过将 FvK 方程和边界条件作为物理约束，与神经网络进行集成，实现了物理信息与数据驱动的结合。FvK 方程描述了弹性板在受力情况下的变形规律，将其残差加入损失函数，使神经网络模型能够逼近满足物理定律的精确解，从而提高预测精度。同时，FvK 方程和边界条件作为物理约束，限制了模型的搜索空间，避免过拟合，从而提高模型的泛化能力。Drgoňa 等[10]通过把物理约束（Perron-Frobenius 定理）以惩罚项的形式融入损失函数中，对神经网络的输出施加了不等式约束，使其保持在物理意义上合理的范围内，这防止了模型学习到与物理规律不符的输出，从而提高了模型的准确性和可靠性。

研究人员发现，这种集成还可以缓解有噪声数据和高维度数据的建模困难，Kissas 等[11]利用 PINN 学习血流模型，并结合一维脉搏波传播模型来约束神经网络的输出，即使在训练过程中使用具有噪声和散布的临床数据，也可以确保模型预测符合质量守恒和动量守恒定律。Sun 等[12]提出了一种创新的物理约束贝叶斯深度学习方法，用于从稀疏和噪声的流速数据重建流场，通过似然函数施加基于方程的约束，并估计重建流的不确定性。Reinbold 等[13]通过结合数据驱动方法和一般物理原则，展示了如何从高维、噪声、不完整的实验数据中，发现一个非平衡扩展系统的定量准确模型。

此外，物理约束还可以与其他 ML 模型集成，例如高斯回归模型。Da Veiga 等[14]提出了一种新的理论框架，用于在高斯过程建模中纳入不等式约束，扩展到了包括边界、单调性和凸性等约束，并考虑了线性约束的通用性，并通过模拟实验验证了方法的有效性。López-Lopera 等[15]在前述研究基础上进行了扩展，使其能够处理线性不等式约束的有限维高斯模型，并研究了约束似然参数估计的理论性质和数值特性。Jensen 等[16]通过引入两个有界似然函数来显式地建模因变量上的噪声，扩展了有界回归的高斯过程框架。Bachoc 等[17]研究了在高斯过程中和固定域渐近下，如何对协方差参数进行不等式约束的最大似然估计，他们通过模拟实验证明了在有限样本下，约束最大似然估计器通常更为精确，并提供了预测和带噪声观测数据的扩展。

2. 机器学习模型架构融合物理信息

物理信息驱动的架构通过在 ML 模型中直接嵌入物理规律，确保模型输出严格遵循物理约束（图 5.3）。架构的设计通常取决于模型结构。例如，神经网络提供了在新神经元或层中编码物理先验知识的机会，其中结构的节点由已知物理现

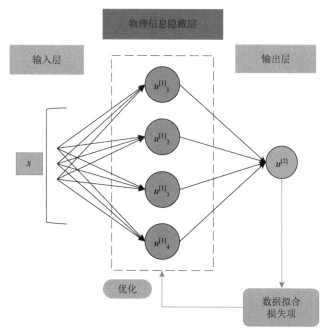

图 5.3　ML 架构融合物理信息

象定义。与物理嵌入式损失函数不同的是，网络的训练受到物理方程的限制；具体来说，物理信息架构包含系统内物理方程的节点。Yucesan 等[18]提出了一种嵌入物理信息层的深度神经网络模型，用于风力涡轮主轴承疲劳损伤预测，在该模型中，使用已知的物理公式描述轴承疲劳损伤部分，未知的润滑脂降解部分使用深度神经网络表示。

物理信息架构的实施需要针对特定应用进行专门设计，不同的应用场景需要采用不同的模型结构，并且将物理学原理融合到 ML 模型中的方式也会有所不同。Cho[19]提出了一种基于深度学习自我演化的计算材料模型框架，通过信息指数和链接函数将物理学原理融入 ML 模型，采用适应性进化的方案，实现了自我演化的计算材料模型，拓宽了 ML 模型在科学研究中的应用范围。Zhang 等[20]将物理信息与数据驱动模型结合，提出了 MIDPhyNet 模型，该模型通过将物理模型的输出分解为固有模态函数，并将这些函数记忆化并整合到数据驱动模型中，从而提高了对动态系统的预测能力。Pawar 等[21]提出了一种模块化的物理引导 ML 模型框架，通过在中间层添加特定特征来提高 ML 模型的准确性，以解决物理科学中统计推断方法的可泛化性问题。Zamzam 等[22]提出了一种利用电网结构的神经网络模型，用于配电系统状态估计，该模型通过利用估计问题的可分性，减少了从测量到网络状态映射所需的参数数量，避免了过拟合，并减少了训练阶段的复杂性。Lei 等[23]提出了一种基于堆叠极端学习机框架的数据驱动最优电力方法，通过将最优电力模型特征分解为三个阶段，降低了学习复杂性并纠正了学习偏差。

物理知识也可用作先验信息来增强 ML 模型的能力，Chen 等[24]提出了一种基于物理约束的 LSTM，通过在模型中融入地质力学参数背后的物理机制作为先验信息，使用易于获取的数据实现了对地质力学日志的直接估计，提高了预测精度。Raissi 等[25]利用概率 ML 模型发现由参数线性算子表示的偏微分方程，采用高斯过程先验，从稀缺的观测数据中推断线性方程的参数，适用于多种类型的线性算子。Swiler 等[26]对比了几种高斯过程约束策略，包括正定性或边界约束、单调性与凸性约束、由线性偏微分方程提供的微分方程约束以及边界条件约束，并讨论了每种方法的实现差异。

3. 机器学习模型预训练融合物理信息

物理信息驱动的预训练利用基于物理的模型或模拟数据进行初步训练，以优化模型参数，提高学习效率，常用于深度学习模型（图 5.4）。Ni 等[27]提出了一种新的分子预训练方法，即切片去噪，通过基于经典力学的分子内势理论，利用新颖的噪声策略和随机切片方法，在保证准确性的前提下提高了对力场的估计。Guo 等[28]提出了一种基于物理信息神经网络的预训练策略来解决演化方程，该策略通过将整个时间域上的复杂问题转化为小子域上的简单问题，提高了标准 PINN

方法在处理强非线性或高频率解的偏微分方程时的性能。Chen 等[29]提出了一种名为 GPT-PINN 的生成预训练物理信息神经网络，用于解决参数化偏微分方程的元学习问题，通过元网络适应性地学习和生长隐藏层，显著减少了训练时间和参数化复杂度。Liu 等[30]提出了一种采用混合取样的预训练 PINN，用于解决高维系统中传统技术耗时且不准确的问题。

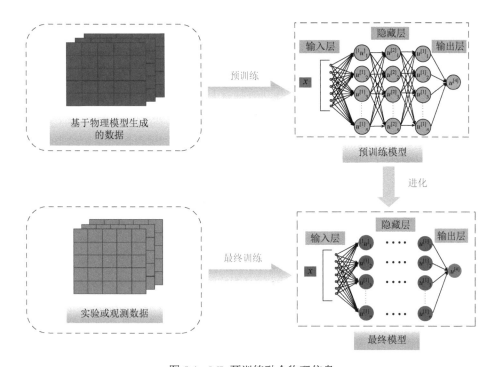

图 5.4　ML 预训练融合物理信息

这种方法在数据稀缺的领域特别有效，能够加速模型收敛，增强对真实世界数据的适应性和预测准确性。Muller 等[31]通过利用预训练的 CNN 来启动 DL-FWI，这种传输学习方法可以降低不需要初始模型时的迭代次数，减少不确定性并加速模型收敛，研究表明，此方法适用于处理低频带限制的地震数据，显示出在受限频率信息下的稳健性，有效改善了实际地震数据缺乏低频信息的问题。Brivio 等[32]评估了预训练物理告知深度学习降阶模型的准确性和效率，结果显示，使用预训练模型提高了在数据不足时的预测可靠性。

4. 物理信息方程融合机器学习模型

物理基础和 ML 复合模型结合了物理模型的精确性和 ML 的泛化能力，通过用物理模型和 ML 模型结合所生成的混合模型来替换传统物理模型，可让物理模型和 ML 模型协同工作或用 ML 替换物理模型的部分组件，增强了物理模型对复杂系统行为的理解和预测（图 5.5）。Yao 等[33]提出了一种名为 TensorMol-0.1 的新型化学模型，它是一种近程使用神经网络的混合模型，有效解决了传统力场在化学反应建模上的局限性。Xiong 等[34]提出了一种融合基于物理和 ML 模型的快速适应性概率地震脆弱性评估方法，旨在解决传统线性回归方法在评估新地震事件时忽略随机地面运动特性的问题。Arcomano 等[35]提出了一种结合物理模型和 ML 的混合方法，用于大气建模，该混合模型在低分辨率全球环流模型上运行，其预报准确性优于单独的物理模型和 ML 模型。Bhasme 等[36]采用了 PIML 模型，将概念性水文模型的过程理解与最新 ML 模型的预测能力相结合（利用物理模型的结构来确定变量间关系，并使用 ML 算法来捕捉复杂的非线性关系），以提高水文过程预测的准确性。

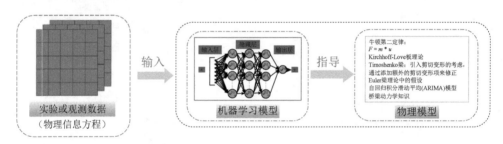

图 5.5　物理信息方程融合 ML 模型

　　表 5.1 展示了物理与 ML 融合的四种方法，每种方法都具有其独特的优势和限制，这些优势和限制影响了它们在不同应用领域的实用性，在实际应用中，可以根据具体问题的需求，灵活地选择多种方法进行组合，以达到最佳的解决效果，这种组合使用可以充分利用各个方法的优点，弥补单一方法的不足，从而在实际应用中实现更高效、更精确的问题解决。

　　Jia 等[37]提出了一种理论框架，该框架使用物理模型生成的模拟数据来预训练决策模型，并且在设计损失函数时考虑了预测误差、即时奖励等物理信息，解决了在预测河流网络中的径流量和水温中标签数据稀缺的问题。Read 等[38]的研究提出了一种过程引导深度学习混合建模框架来预测深度特定湖泊水温，该框架包括具有时间意识的深度学习模型（长短期记忆循环）、基于理论的反馈（通过设计一个损失函数来对违反能量守恒的模型进行惩罚违）和模型预训练（使用合成数据初始化网络，即基于过程的模型预测的水温）。Daw 等[39]提出了一种名为物理引导神经网络的框架，使用物理模型的模拟输出作为神经网络模型的输入，此外，除了使用经验损失和正则化项之外，还引入物理损失函数作为损失函数的一部分，并以湖泊温度建模为例，验证了物理引导神经网络的有效性。Jia 等[40]开发了一种融合模型，通过预训练技术将物理模型的知识转移到 ML 模型初始化，学习河流水文和热力学物理，并利用物理模型模拟得到的中间物理变量来指导 ML 模型学习到的隐变量，使隐变量具有一定的物理含义，此外，还利用物理模型的知识来设计损失函数，平衡不同河流段的性能，最后通过在特拉华河流域的一个子集中预测温度和水流，证明了所提出方法的有效性。

表 5.1　不同融合方式对比

方法	优点	缺点	应用领域
ML 损失函数融合物理信息	保证输出符合物理规律，提高模型的物理合理性和解释性	需要明确的物理知识，难以处理复杂物理规律	流体力学、热传递、材料科学、结构完整性评估等
ML 架构融合物理信息	模型结构内嵌物理约束，减少过拟合风险，增强模型对物理问题的泛化能力	设计复杂，调优难度较大，可能限制模型的灵活性	广泛用于需要严格物理一致性的领域，如结构工程等
ML 预训练融合物理信息	减少数据需求量，提高模型初始状态的物理一致性，加速收敛，提升性能	需要大量物理相关数据或高质量的物理模拟，适用性受限	数据稀缺的领域，如气候模型、生物信息学和复杂系统仿真等
物理信息方程融合 ML 模型	综合物理模型的可解释性与 ML 模型的灵活性，处理复杂问题时更高效和精准	建模和调试复杂，计算资源需求高	航空航天、能源系统、生物医学工程和材料设计等领域，特别是在需要同时考虑物理规律和数据模式的场景中

5.2.2　基于流变学的物理信息方程原理

流变学是经典物理学中的一个重要分支，专门研究材料在各种条件下（如应力、应变、温度、湿度和辐射等）的变形和流动规律。同时，流变学也用于描述材料在外力作用下应变和应力之间的定量关系，这种关系是由内部颗粒和溶剂之间的相互作用引起的[41]。本节参考了 Weng 等[42]提出的经验公式，用于计算 YS 和 PV，详见公式（5.2）和公式（5.3）。

1. 基于配合比的 YS 方程

$$\begin{aligned} YS = {}& 327.99 + 2.71 \times (S/B) - 194.03 \times (W/B) \\ & -145.99 \times (FA/OPC) + 419.18 \times (SF/OPC) \end{aligned} \tag{5.2}$$

式中，YS 代表水泥基复合材料的屈服应力，单位为 Pa；S 代表砂含量，单位为 kg/m^3；B 代表胶凝材料含量，单位为 kg/m^3；W 代表水含量，单位为 kg/m^3；FA 代表粉煤灰含量，单位为 kg/m^3；OPC 代表水泥含量，单位为 kg/m^3；SF 代表硅灰含量，单位为 kg/m^3。

2. 基于配合比的 PV 方程

$$PV = 7.89 + 1.74 \times (S / B) - 3.70 \times (W / B) \\ + 3.96 \times (FA / OPC) - 0.49 \times (SF / OPC) \tag{5.3}$$

式中，PV 代表水泥基复合材料的屈服应力，单位为 Pa·s；其余变量的释义详见公式（5.1）释义。

5.2.3　损失函数修改

ML 模型的损失函数是用来衡量模型预测值与实验值之间差异的函数。损失函数在训练过程中被优化，通过最小化模型在训练集上的预测误差来帮助模型逐渐改进其预测能力。具体而言，把损失函数接受模型的预测值和实验值作为输入，并输出一个标量值，该值越小表示模型的预测准确度越高。对于回归问题，损失函数通常设置为 RMSE，用于衡量模型预测值与实验值之间的均方根误差[43]。

为了使 ML 模型产生的结果符合物理规律或先验知识，一些研究人员尝试将 PIE 嵌入到 ML 模型的损失函数中，以约束模型的学习过程[44]。引入 PIE 可以使模型生成更加合理和可解释的结果，提高其鲁棒性、泛化能力以及收敛速度，并且能够弱化对大量标记数据的依赖[45]。以本章为例，PIE 为 YS 和 PV 方程，详见公式（5.2）和公式（5.3）。计算出 PIE 预期输出与 ML 模型输出之间的差异，将其作为额外的损失项加入到总体损失函数中。

5.2.4　损失函数权重调优

损失函数的各项损失项权重是指在模型训练过程中用于平衡不同损失项重要性的参数。在物理信息 ML 融合模型中，损失函数由 ML 模型损失项和 PIE 损失项组成。通过调整两个损失项的权重，可以更好地指导模型学习过程，使模型更加符合实际情况或任务需求。上述各项损失项权重通常被视为超参数，因为它们不是由模型自身学习得到的，而是需要进行人为设定的[46]。然而，人为设定的各项损失项权重是由经验、领域知识或者实验得到的，存在一定的主观性和局限性，而且需要耗费大量的时间和精力。因此，可以利用超参数自动调优的技术来自动搜索最优的权重组合，以提高融合模型的效率和性能，具体调优过程详见 5.3 节。融合模型的损失函数根据公式（5.4）～公式（5.6）进行计算。图 5.6 展示了融合模型的损失函数修改流程。

$$Loss = w_1 \times Loss_1 + w_2 \times Loss_2 \tag{5.4}$$

$$Loss_1 = RMSE_{ML} \tag{5.5}$$

$$Loss_2 = \left| F_{PIE} - F_{ML} \right| \tag{5.6}$$

式中，Loss 指融合模型的总体损失函数；$Loss_1$ 指 ML 模型损失项；$Loss_2$ 指 PIE 损失项；w_1 指 ML 模型损失项权重；w_2 指 PIE 损失项权重；F_{PIE} 指 PIE 输出值；F_{ML} 指 ML 模型输出值。

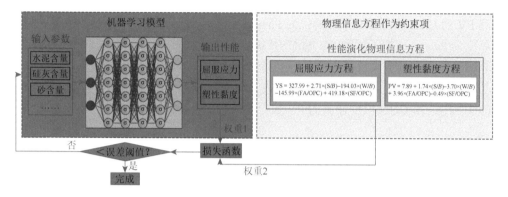

图 5.6　融合模型的损失函数修改流程

5.3　物理信息机器学习融合模型建立

5.3.1　基于 YS 预测的损失函数修改

基于公式（5.2），可以进一步细化公式（5.4）～公式（5.6），得到 YS 融合模型损失函数的计算公式，详见公式（5.7）～公式（5.9）。

$$\text{Loss}_{YS} = w_1 \times \text{Loss}_{YSCNN} + w_2 \times \text{Loss}_{YSPIE} \tag{5.7}$$

$$\text{Loss}_{YSCNN} = \text{RMSE}_{YSCNN} \tag{5.8}$$

$$\text{Loss}_{YSPIE} = \left| F_{YSPIE} - F_{CNN} \right| \tag{5.9}$$

式中，Loss_{YS} 指 YS 融合模型的总体损失函数，单位为 Pa；Loss_{YSCNN} 指用于预测 YS 的 CNN 模型损失项，单位为 Pa；Loss_{YSPIE} 指用于计算 YS 的 PIE 损失项，单位为 Pa；w_1 指用于预测 YS 的 CNN 模型损失项权重，无量纲。基于 5.3.3 节计算的结果，本节将其设置为 0.4；w_2 指用于计算 YS 的 PIE 损失项权重，无量纲。基于实际计算的结果，本节将其设置为 0.6；F_{YSPIE} 指 PIE 输出的 YS 值，单位为 Pa；F_{CNN} 指 CNN 模型输出的 YS 值，单位为 Pa。

5.3.2　基于 PV 预测的损失函数修改

基于公式（5.2），可以进一步细化公式（5.4）～公式（5.6），得到 PV 融合模型损失函数的计算公式，详见公式（5.10）～公式（5.12）。

$$\text{Loss}_{\text{PV}} = w_1 \times \text{Loss}_{\text{PVCNN}} + w_2 \times \text{Loss}_{\text{PVPIE}} \qquad (5.10)$$

$$\text{Loss}_{\text{PVCNN}} = \text{RMSE}_{\text{PVCNN}} \qquad (5.11)$$

$$\text{Loss}_{\text{PVPIE}} = \left| F_{\text{PVPIE}} - F_{\text{CNN}} \right| \qquad (5.12)$$

式中，Loss_{PV} 指 PV 融合模型的总体损失函数，单位为 Pa·s；$\text{Loss}_{\text{PVCNN}}$ 指用于预测 PV 的 CNN 模型损失项，单位为 Pa·s；$\text{Loss}_{\text{PVPIE}}$ 指用于计算 PV 的 PIE 损失项，单位为 Pa·s；w_1 指于预测 PV 的 CNN 模型损失项权重，无量纲。基于 5.3.3 节计算的结果，本节将其设置为 0.5；w_2 指用于计算 PV 的 PIE 损失项权重，无量纲。基于实际计算的结果，本节将其设置为 0.5；F_{PVPIE} 指 PIE 输出的 PV 值，单位为 Pa·s；F_{CNN} 指 CNN 模型输出的 PV 值，单位为 Pa·s。

5.3.3　基于超参数自动调优的损失函数权重调优

1. 定义

超参数是 ML 模型中的重要组成部分。在训练模型之前，需要设置超参数。超参数的设置能够显著影响模型的性能、收敛速度以及泛化能力等重要特性。因此，选择合适的超参数对于 ML 模型的成功训练和性能优化至关重要[47]。传统的超参数调优方法主要包括手动调整和网格搜索等方式[48]。然而，传统方法不仅需要耗费大量人力，而且过程十分烦琐，通常只能对超参数空间进行有限的搜索，容易陷入局部最优解。相比之下，超参数自动调优方法能够自动且有序地全面搜索超参数空间，并根据预定义的评价指标来优化模型性能[49]。因此，本节采用优化算法对 ML 模型超参数进行自动调优。基于 5.2.3 节内容以及文献[50]，本节确定了 PICNN 的超参数及其取值范围，详见表 5.2。

表 5.2　PICNN 模型的超参数含义及取值范围

超参数	含义	取值范围
kernel_size	每个卷积层中的滤波器大小	[3×3, 5×5]
stride	卷积核在图像上滑动的步幅	[1, 2]
num_channels	卷积层的输出通道数目	[16, 512]
pooling_kernel_size	池化层中用于降采样的窗口大小	[2×2, 3×3]
pooling_stride	池化核在图像上滑动的步幅	[1, 2]
learning_rate	网络在每次迭代中更新权重时的步长	[0.001, 0.01]
weight_CNN	CNN 模型损失项的权重	[0, 1]
weight_PIE	物理信息方程损失项的权重	[0, 1]

注：表中的前六项为 CNN 模型的超参数，后两项为 PICNN 模型损失函数的损失项权重。

2. 目标函数

采用优化算法调优 PICNN 超参数时，必须设置一个合适的目标函数。超参数调优的完成与否取决于目标函数输出值是否满足预定义的范围。鉴于 RMSE 能够直观地反映模型的预测误差情况，故本节将 RMSE 作为超参数自动调优过程的目标函数[51]，计算过程详见公式（5.14）。

3. 终止条件

超参数自动调优过程的终止条件是指确定何时停止对超参数进行搜索和调整的准则或条件。终止条件的目的是确保在超参数搜索过程中达到了足够的性能改进或资源利用达到了一定的限制，通常需要预先设置。常见的终止条件包括达到最大迭代次数、性能收敛、时间限制、资源限制以及性能阈值等。正确设置终止条件对于确保超参数优化过程的效率和精度至关重要[52]。基于文献的研究经验以及经过多次实际计算，本书将终止条件设置为 3000 次迭代。

4. 优化算法

1）GA

GA 是一种受生物进化理论启发的优化算法，模拟了自然界中生物进化的过程。通过对候选解进行选择、交叉和变异等操作，GA 能够逐代进化出更优秀的解。GA 具有灵活性，可以用于广泛的优化问题，包括组合优化、数值优化和 ML 等。此外，由于 GA 具有并行性强、全局搜索能力较好以及对问题无需过多先验知识等优点，使其特别适用于具有大搜索空间、非线性目标函数和复杂约束的问题。然而，GA 的性能可能取决于参数的选择，例如种群大小、交叉率和变异率等，这些参数需要针对每个问题领域进行精细调整[53]。图 5.7 展示了采用 GA 自动调优 ML 模型超参数的工作流程。

2）PSO

PSO 是一种群体智能优化算法，受到鸟群觅食行为的启发。在 PSO 中，解决方案被视为群体中的粒子，这些粒子通过在解空间中搜索来寻找最优解。每个粒子根据其当前位置和速度调整自己的移动方向，以及受到个体最优和全局最优解的引导。通过不断迭代更新粒子的位置和速度，PSO 会逐渐收敛到最优解或其近似解。PSO 具有简单易实现、全局搜索能力强的优点，适用于解决多种优化问题。然而，PSO 也存在着对初始参数设置较为敏感以及易陷入局部最优等缺点，需要谨慎选择参数和初始条件以提高算法的性能[54]。图 5.8 展示了采用 PSO 自动调优 ML 模型超参数的工作流程。

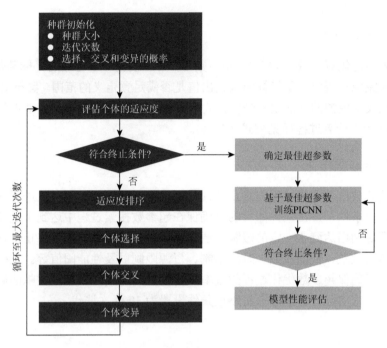

图 5.7 采用 GA 自动调优 ML 模型超参数的工作流程

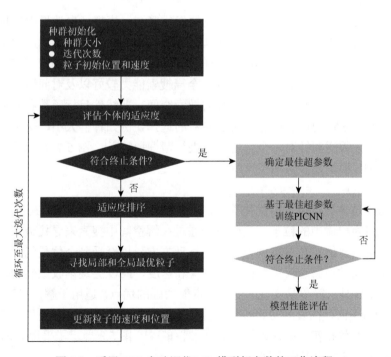

图 5.8 采用 PSO 自动调优 ML 模型超参数的工作流程

3）DBO

DBO 是一种受蜣螂滚粪球、跳舞和觅食等日常行为启发的优化算法，模拟了蜣螂寻找食物和优化行为的过程。在超参数自动调优过程中，DBO 表现出极高的灵活性和鲁棒性，能够有效解决搜索空间和目标函数较为复杂的问题。通过采用智能搜索策略，DBO 能够全面搜索解空间，以避免陷入局部最优解。此外，DBO 在整个搜索过程中保持良好的准确性和效率，为解决实际复杂问题提供了强有力的支持[55]。图 5.9 展示了采用 DBO 自动调优 PICNN 超参数的工作流程。

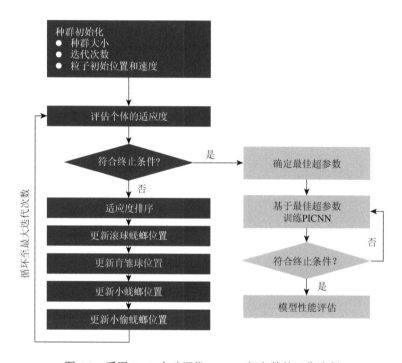

图 5.9　采用 DBO 自动调优 PICNN 超参数的工作流程

5. 损失函数权重调优结果

1）YS 预测模型

为了保证优化过程初始条件的一致性，GA、PSO 和 DBO 的种群大小均设置为 100，除此之外，GA 的染色体长度、PSO 的每个粒子尺寸和 DBO 的每个蜣螂尺寸均设置为 5[56]。图 5.10 展示了针对 YS 预测的 PICNN 模型超参数自动调优过程。在整个调优过程中，GA-PICNN、PSO-PICNN 和 DBO-PICNN 模型的 RMSE 均持续下降，但达到收敛所需要的迭代次数存在一定差异，表明它们具有不同的优化能力。具体而言，GA-PICNN 模型经过 478 次迭代达到收敛，PSO-PICNN 模型经过 234 次迭代达到收敛，DBO-PICNN 模型经过 1535 次迭代达到收敛。在第 3000 次迭代时，GA-PICNN、PSO-PICNN 和 DBO-PICNN 模型的 RMSE 分别为 1500.32 Pa，257.16 Pa 和 98.62 Pa。在 396 次迭代之前，PSO 与 DBO 的优化效果非常接近，且明显优于 GA 的优化效果。在 396 次迭代之后（含第 396 次），DBO-PICNN 模型的 RMSE 一直保持最低状态，说明其具有最优异的性能。表 5.3 列举了采用 GA、PSO 和 DBO 自动调优 PICNN 模型超参数的结果。从表 5.3 中可以看出，DBO 的计算速度明显快于 PSO，在代码执行过程中更加高效和准确。因此，根据调优过程得到的结果可知，DBO-PICNN 模型是预测 YS 的最佳模型。具体的 PICNN 模型最佳超参数如表 5.4 所示。

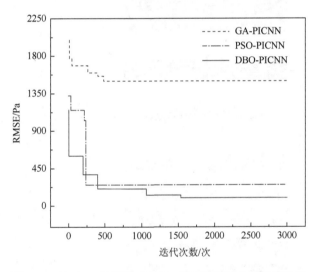

图 5.10　针对 YS 预测的 PICNN 模型超参数自动调优过程

表 5.3　不同优化算法自动调优 PICNN/CNN 模型超参数的结果

预测目标	优化算法	收敛迭代次数/次	RMSE 最终值	计算时间/h
	GA	478	1500.32 Pa	22
YS	PSO	234	257.16 Pa	65
	DBO	1535	98.62 Pa	24
	GA	499	0.30 Pa·s	21
PV	PSO	229	0.29 Pa·s	70
	DBO	551	0.26 Pa·s	22

表 5.4　PICNN/CNN 模型最佳超参数

超参数	预测目标	
	YS	PV
kernel_size	3×3	3×3
stride	1	1
num_channels	20	32
pooling_kernel_size	2×2	2×2
pooling_stride	1	1
learning_rate	0.001	0.001
weight_CNN	0.4	0.5
weight_PIE	0.6	0.5

　　为了进一步验证 DBO 自动调优 PICNN 模型超参数的有效性，本书在 Python 环境中随机生成一千组 PICNN 模型超参数数据，并将采用自动调优与随机生成超参数的 PICNN 模型的预测效果进行了对比。其中，随机生成的超参数数据符合表 5.2 中规定的取值范围。评价指标仍设置为 RMSE，采用自动调优与随机生成超参数的 PICNN 模型在预测 YS 中的效果对比如图 5.11 所示。从图 5.11 中可以看出，基于自动调优超参数的 RMSE 为 98.62 Pa，比基于随机生成超参数的 RMSE 平均值（544.00 Pa）降低了 82%，凸显了 DBO 自动调优对于准确预测 YS 的重要性。此外，大部分随机生成的数据点分布非常均匀，最低的 RMSE 与自动调优比较接近。不过，随机生成的数据点中仍然存在个别 RMSE 极高的异常点。综合来看，尽管随机生成的超参数偶尔可能使 PICNN 模型接近最佳预测效果，但是在大部分情况下，预测效果并不理想，甚至在个别异常情况下，预测效果会极

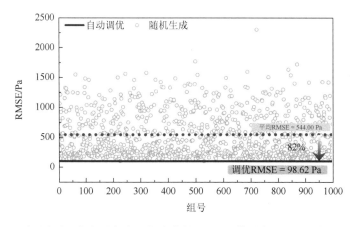

图 5.11　采用自动调优与随机生成超参数的 PICNN 模型在预测 YS 中的效果对比

差。这种预测不稳定性会显著影响 PICNN 模型的准确性和鲁棒性。因此，采用 DBO 进行 PICNN 模型超参数自动调优至关重要。

2）PV 预测模型

图 5.12 展示了针对 PV 预测的 PICNN 模型超参数自动调优过程。在整个调优过程中，GA-PICNN、PSO-PICNN 和 DBO-PICNN 模型的 RMSE 均持续下降，并且其收敛模式相对一致。GA-PICNN 模型经过 499 次迭代达到收敛，PSO-PICNN 模型经过 229 次迭代达到收敛，DBO-PICNN 模型经过 551 次迭代达到收敛。在第 3000 次迭代时，GA-PICNN、PSO-PICNN 和 DBO-PICNN 模型的 RMSE 分别为 0.30 Pa·s，0.29 Pa·s 和 0.26 Pa·s。在相同的迭代次数下，DBO-PICNN 模型的 RMSE 曲线始终保持最低状态，凸显了 DBO 的持续优化方面的卓越性。表 5.3 列举了采用 GA、PSO 和 DBO 自动调优 PICNN 模型超参数的结果。从表中可以看出，在代码执行过程中，GA 和 DBO 的计算速度较快，且明显快于 PSO，但 GA 的优化效果远不及 DBO。因此，根据调优过程得到的结果可知，DBO-PICNN 模型是预测 PV 的最佳模型。具体的 PICNN 模型最佳超参数如表 5.4 所示。

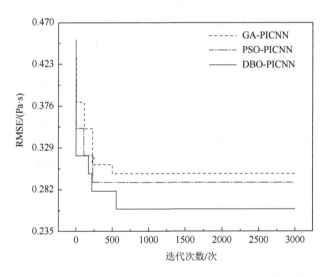

图 5.12　PICNN 模型在预测 PV 中的超参数自动调优过程

图 5.13 展示了采用自动调优与随机生成超参数的 PICNN 模型在预测 PV 中的效果对比情况。从图中可以看出，采用自动调优超参数的 PICNN 模型（RMSE 为 0.26 Pa·s）相比于采用随机生成超参数的 PICNN 模型（RMSE 平均值为 0.35 Pa·s），其 RMSE 降低了 26%，凸显了 DBO 自动调优对于准确预测 PV 的重要性。此外，随机生成的数据点大多分布均匀，最低的 RMSE 接近于自动调优结果。然而，随机生成的数据点中仍然存在个别异常点，其 RMSE 极高。综合来看，虽然随机生

成的超参数有时能够使 PICNN 模型接近最佳预测效果，但是在大部分情况下，预测效果不够理想，甚至在个别情况下，效果极差。这种不稳定的预测情况会显著影响 PICNN 模型的准确性和鲁棒性。因此，采用 DBO 进行 PICNN 模型超参数自动调优至关重要。

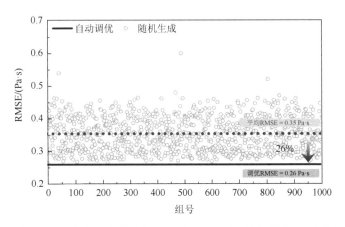

图 5.13　采用自动调优与随机生成超参数的 PICNN 模型在预测 PV 中的效果对比

5.3.4　模型性能评估

模型的有效性和准确性需要利用相关统计指标进行评估，以量化模型的拟合程度、预测误差以及在真实数据集上的表现。常用的评估指标包括 R^2、RMSE 和 MAPE，分别根据公式（5.13）～公式（5.15）进行计算[57]。

$$R^2 = 1 - \frac{\sum\limits_{i=1}^{n}(t_i - p_i)^2}{\sum\limits_{i=1}^{n}(t_i - \overline{t_i})} \tag{5.13}$$

$$\text{RMSE} = \sqrt{\frac{\sum\limits_{i=1}^{n}(t_i - p_i)^2}{n}} \tag{5.14}$$

$$\text{MAPE} = \frac{\sum\limits_{i=1}^{n}\left|\dfrac{t_i - p_i}{t_i}\right|}{n} \times 100\% \tag{5.15}$$

式中，t_i 指实验值；p_i 值预测值；$\overline{t_i}$ 指实验值的平均值；n 指样本数量。

5.4 物理信息机器学习融合模型预测效果分析

5.4.1 损失函数值演变过程

除了超参数调优以外，PICNN 模型内部还存在一些需要在训练过程中进行调优的权重和偏置参数，具体包括卷积层的权重、卷积层的偏置、全连接层的权重以及全连接层的偏置[58]。上述模型内部参数与超参数具有不同的属性，其主要区别详见表 5.5。本书采用 Adam 优化器自动调优模型内部参数，以最小化损失函数。参考经典文献[59]以及经过实际计算后，将调优时的训练周期设置为 3000 个。需要注意的是，epoch 和超参数自动调优时的迭代次数不相同。epoch 是指整个训练数据集被模型完整地遍历一次的次数，而迭代次数是指在训练过程中，模型每次参数更新所使用的样本数量。一个 epoch 通常包含多个迭代次数，每个迭代次数都是对一个批次的数据（训练数据集可以划分为多个批次）进行依次向前传播、计算损失、反向传播和参数更新的过程[60]。

表 5.5　模型内部参数与超参数的区别

具体内容	内部参数	超参数
定义	模型内部的可学习参数，是通过训练数据学习得到的，用于表示数据的特征和模式	模型建立和训练过程中的设置参数，不是通过训练数据学习得到的，而是在训练之前由人工指定的
作用范围	直接影响模型的输出结果，是模型的核心组成部分。内部参数的调整会直接改变模型的预测能力	影响模型的建立和训练过程，但不直接影响模型的输出结果。超参数的选择会影响模型的结构、学习过程和性能表现
调优原则	通过优化算法在训练过程中进行动态调优，以最小化损失函数。在每次迭代中，内部参数根据损失函数的梯度进行更新，以逐步优化模型的性能	是在训练之前设置的固定参数，然后在训练过程中保持不变或周期性地调整以优化模型性能
调优方法	通过最小化损失函数来进行优化，通常需要采用反向传播算法来计算梯度并更新参数	通过实验和评估不同的超参数组合来确定最优解，可以采用交叉验证、网格搜索或者元启发式搜索等方法来进行

PICNN 模型的损失函数详见公式（5.7）～公式（5.12）。在 PICNN 模型训练过程中，损失函数的演变经历了以下几个阶段：①初始化阶段：在模型训练开始时，损失函数具有较高的初始值，主要是因为模型内部参数是随机初始化的，与实际目标值存在较大的差距；②下降阶段：随着模型通过 Adam 优化器不断调整参数，损失函数逐渐接近最优值；③稳定阶段：当模型达到一定的训练次数，损

失函数会收敛到一个稳定值，表明模型已经学习到了数据的主要特征，不再发生显著的变化。图 5.14 展示了 PICNN 模型的损失函数（Loss）值演变过程。如图 5.14（a）所示，YS 预测模型在初始化阶段的 Loss 为 695.99 Pa，随着 epoch 的增加呈现出持续下降的趋势。这说明 YS 预测模型在训练过程中逐渐减小了预测误差，从而提高了对 YS 准确预测的能力。在经过 3000 个 epoch 的训练后，Loss 降低至 81.65 Pa，表明 YS 预测模型在训练过程中取得了显著的性能改善。值得注意的是，在经过大约 500 个 epoch 的训练之前，YS 预测模型的 Loss 下降曲线较为陡峭。这种急速下降表明模型在初始阶段快速学习到了数据的一般特征和模式。在 500～3000 个 epoch 的训练过程中，YS 预测模型的 Loss 下降曲线变得相对平缓，说明其学习速度逐渐放缓。这种平缓下降的原因可能是模型已经接近最优解。尽管下降曲线变得平缓，但 Loss 仍然在稳步下降，说明模型仍然在继续学习并提高性能。如图 5.14（b）所示，PV 预测模型在初始化阶段的 Loss 为 0.47 Pa·s。随着 epoch 的增加，Loss 持续下降，说明 PV 预测模型在训练过程中逐渐减小了预测误差，从而提高了对 PV 准确预测的能力。在经过 3000 个 epoch 的训练后，Loss 降低至 0.19 Pa·s，表明 PV 预测模型在训练过程中取得了显著的性能改善。与 YS 预测模型类似，在经过大约 300 个 epoch 的训练之前，PV 预测模型的 Loss 下降速度较快，表明模型在初始阶段快速学习到了数据的一般特征和模式，为后续学习奠定了基础。随着训练的继续进行，Loss 下降曲线逐渐趋于平缓（大约在 300～3000 个 epoch 之间），意味着模型已经接近最优解。尽管 Loss 的下降速度放缓，但模型仍在稳定地提高预测的准确性，这说明模型仍然在不断学习和优化。

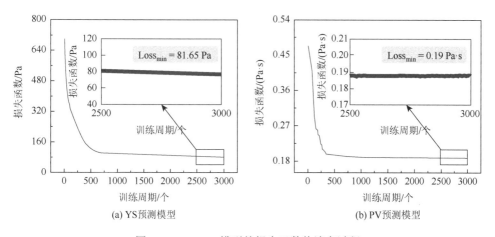

(a) YS预测模型　　　　　　　(b) PV预测模型

图 5.14　PICNN 模型的损失函数值演变过程

5.4.2　融合模型与其他模型对比分析

1. PICNN vs CNN

图 5.15 展示了 PICNN 和 CNN 模型在训练集和测试集上的 Loss 值以及二者之间的误差值。如图 5.15（a）和（b）所示，在 YS 预测训练集和测试集上，PICNN 模型的 Loss 平均值分别为 171.66 Pa 和 199.39 Pa，最大值分别为 698.89 Pa 和 523.66 Pa，最小值分别为 18.34 Pa 和 23.05 Pa；CNN 模型的 Loss 平均值分别为 211.35 Pa 和 311.70 Pa，最大值分别为 552.69 Pa 和 656.39 Pa，最小值分别为 62.53 Pa 和 85.93 Pa。此外，图中下方的误差值为 PICNN 模型的 Loss 值减去 CNN 模型的 Loss 值的计算结果。若误差值为正，表示 PICNN 模型的 Loss 值较大；若误差值为负，表示 CNN 模型的 Loss 值较大。由图 5.15（a）可知，训练集上的误差值在大部分情况下为负值，即 PICNN 模型的 Loss 值在大部分情况下小于 CNN 模型的 Loss 值，表明 PICNN 模型在训练集上的性能优于 CNN 模型。这可能是因为 PICNN 模型具有更强的学习能力，能够更好地拟合训练数据以及更有效地捕捉数据的特征和模式。测试集上的误差值均为负值，即 PICNN 模型的 Loss 值均小于 CNN 模型的 Loss 值，表明 PICNN 模型在测试集上的性能同样优于 CNN 模型。这可能是因为 PICNN 模型具有更强的泛化能力，在训练过程中能够更好地避免过拟合以及适应新数据。如图 5.15（c）和（d）所示，在 PV 预测训练集和测试集上，PICNN 模型的 Loss 平均值分别为 0.35 Pa·s 和 0.65 Pa·s，最大值分别为 0.88 Pa·s 和 2.41 Pa·s，最小值分别为 0.02 Pa·s 和 0.13 Pa·s；CNN 模型的 Loss 平均值分别为 0.59 Pa·s 和 1.06 Pa·s，最大值分别为 1.59 Pa·s 和 2.66 Pa·s，最小值分别为 0.09 Pa·s 和 0.36 Pa·s。此外，训练集上的误差值在大部分情况下为负值，即 PICNN 模型的 Loss 值在大部分情况下小于 CNN 模型的 Loss 值。这说明 PICNN 模型在

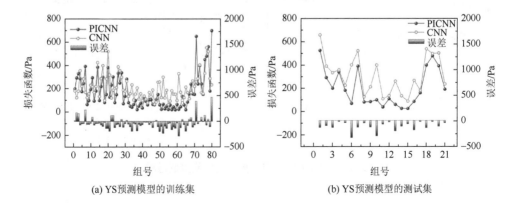

(a) YS预测模型的训练集　　　　　　　　　　(b) YS预测模型的测试集

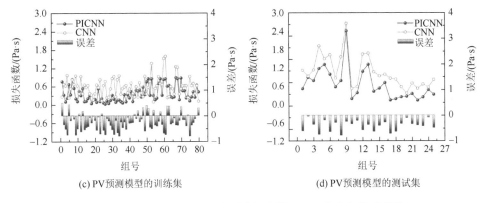

(c) PV预测模型的训练集　　　　　　(d) PV预测模型的测试集

图 5.15　PICNN 和 CNN 模型的损失值以及二者之间的误差值

训练集上的预测能力更强。测试集上的误差值均为负值，即 PICNN 模型的 Loss
值均小于 CNN 模型的 Loss 值。这说明在测试集上，PICNN 模型同样具有更优的
预测效果。综上所述，与 CNN 模型相比，PICNN 模型在预测 YS 和 PV 时表现出
更高的预测准确性和鲁棒性。

2. PICNN vs PIE

图 5.16 展示了 PICNN 模型和 PIE 在训练集和测试集上的 Loss 值以及二者之
间的误差值。由于 PIE 是损失函数的其中一项损失项，代表了客观的物理规律，
故 PICNN 模型和 PIE 的 Loss 值差异越小越说明 PICNN 模型的输出结果更符合客
观的物理规律。如图 5.16（a）和（b）所示，在 YS 预测训练集和测试集上，PIE
的 Loss 平均值分别为 185.96 Pa 和 196.62 Pa，最大值分别为 525.61 Pa 和 474.08 Pa，
最小值分别为 11.56 Pa 和 30.16 Pa。此外，图中下方的误差值为 PICNN 模型的 Loss
值减去 PIE 的 Loss 值的计算结果。由图可知，训练集上误差值的绝对值在大部分
情况下较小，平均值为 65.26 Pa，即 PICNN 模型的 Loss 值在大部分情况下接近
PIE 的 Loss 值。这说明 PICNN 模型在训练集上的输出结果比较符合物理规律。
测试集上误差值的绝对值均较小，平均值为 31.29 Pa，即 PICNN 模型的 Loss 值
均接近 PIE 的 Loss 值。这说明在测试集上，PICNN 模型的输出结果同样比较符
合物理规律。如图 5.16（c）和（d）所示，在 PV 预测训练集和测试集上，PIE 的
Loss 平均值分别为 0.37 Pa·s 和 0.65 Pa·s，最大值分别为 0.90 Pa·s 和 2.37 Pa·s，最
小值分别为 0.05 Pa·s 和 0.18 Pa·s。此外，与 YS 预测情况类似，训练集上误差值
的绝对值在大部分情况下较小，平均值为 0.12 Pa·s，即 PICNN 模型的 Loss 值在
大部分情况下接近 PIE 的 Loss 值。这说明 PICNN 模型在训练集上的输出结果与
物理规律的吻合程度较高。测试集上误差值的绝对值均较小，平均值为 0.12 Pa·s，
即 PICNN 模型的 Loss 值均接近 PIE 的 Loss 值。这说明 PICNN 模型在测试集上

的输出结果与物理规律的吻合程度同样较高。综上所述，针对 YS 和 PV 预测，PICNN 模型的输出结果比较符合客观物理规律，表明其在预测过程中能够更好地理解和模拟物理规律。

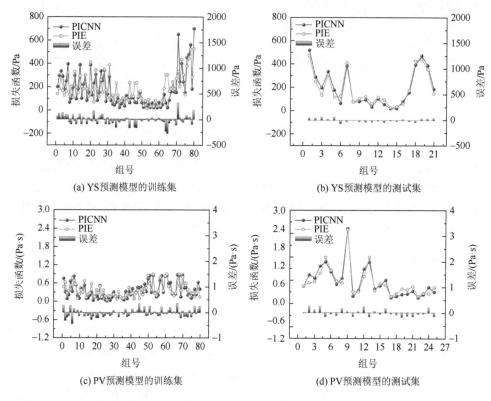

(a) YS预测模型的训练集　　　　　　　　(b) YS预测模型的测试集

(c) PV预测模型的训练集　　　　　　　　(d) PV预测模型的测试集

图 5.16　PICNN 模型和 PIE 的损失值以及二者之间的误差值

　　为了进一步评估 PICNN 模型和 PIE 在预测 YS 和 PV 方面的差异，本书还采用 RMSE 和 MAPE 指标对 PICNN 模型和 PIE 的 Loss 值之间的差异进行了量化。表 5.6 列举了 PICNN 模型和 PIE 在预测 YS 方面的差异。由表可知，训练集和测试集上的 RMSE 分别为 29.37 Pa 和 18.14 Pa，MAPE 分别为 14.35% 和 6.02%。表 5.7 列举了 PICNN 模型和 PIE 在预测 PV 方面的差异。由表可知，训练集和测试集上的 RMSE 分别为 0.15 Pa·s 和 0.14 Pa·s，MAPE 分别为 3.77% 和 2.60%。RMSE 和 MAPE 的低值表明在预测 YS 和 PV 时，PICNN 模型与 PIE 的输出结果相差较小，而这也意味着 PICNN 模型能够更精准地反映出实际的物理现象。上述量化结果与图 4.3 的观察结果一致，再次强调了 PICNN 模型在预测 YS 和 PV 时所具备的较高客观性和准确性。

表 5.6　PICNN 模型和 PIE 在预测 YS 方面的差异

RMSE/Pa		MAPE/%	
训练集	测试集	训练集	测试集
29.37	18.14	14.35	6.02

表 5.7　PICNN 模型和 PIE 在预测 PV 方面的差异

RMSE/(Pa·s)		MAPE/%	
训练集	测试集	训练集	测试集
0.15	0.14	3.77	2.60

3. PICNN vs PIRNN/PILSTM

图 5.17 展示了 PICNN、PIRNN 和 PILSTM 模型的 Loss 值演变过程。在 YS 预测方面，如图 5.17（a）所示，PICNN、PIRNN 和 PILSTM 模型在初始化阶段的 Loss 值分别为 695.99 Pa、719.31 Pa 和 719.00 Pa。随着 epoch 的增加，三个模型的 Loss 值均呈现出持续下降的趋势，说明其在训练过程中均逐渐减小了预测误差。在经过 3000 个 epoch 的训练后，PICNN、PIRNN 和 PILSTM 模型的 Loss 值分别降低至 81.65 Pa、155.13 Pa 和 253.42 Pa。此时，PICNN 模型的 Loss 最低。这说明在 YS 预测中，PICNN 模型相比其他两个模型具有更高的预测精度。此外，三个模型的 Loss 值曲线下降模式比较相似，都是在初始阶段下降速度较快，随后下降速度变得比较缓慢并持续到训练过程结束。其中，PICNN、PIRNN 和 PILSTM 模型的 Loss 值下降速度节点分别为经过大约 500 个、700 个和 750 个 epoch 的训练。Loss 值在前期急速下降表明模型快速学习到了数据的一般特征和模式，而在后期平缓下降则表明模型接近了最优解。在 PV 预测方面，如图 5.17（b）所示，PICNN、PIRNN 和 PILSTM 模型在初始化阶段的 Loss 值分别为 0.47 Pa·s、0.49 Pa·s 和 0.47 Pa·s。随着 epoch 的增加，三个模型的 Loss 值均持续下降。在经过 3000 个 epoch 的训练后，PICNN、PIRNN 和 PILSTM 模型的 Loss 值分别降低至 0.19 Pa·s、0.39 Pa·s 和 0.23 Pa·s。此时，PICNN 模型的 Loss 值最低。这说明在 PV 预测中，PICNN 模型也具有更高的预测精度。此外，三个模型的 Loss 值曲线下降模式存在明显差异。具体而言，与 PICNN 模型相比，PIRNN 模型和 PILSTM 模型 Loss 值曲线下降陡峭的阶段经过了更少的 epoch（分别为大约 250 个和 100 个），但 PILSTM 模型的 Loss 值最终值明显低于 PIRNN 模型的 Loss 值最终值，即 PILSTM 模型的优化效果明显优于 PIRNN 模型。此外，PICNN 模型的 Loss 值曲线下降陡峭的阶段经过了大约 300 个 epoch 的训练。随着训练的继续进行，PICNN 模型的

Loss 值下降曲线逐渐趋于平缓，并在最终阶段达到了最低值。综上所述，与 PIRNN 模型和 PILSTM 模型相比，PICNN 模型在预测 YS 和 PV 时表现出更高的预测能力和鲁棒性。

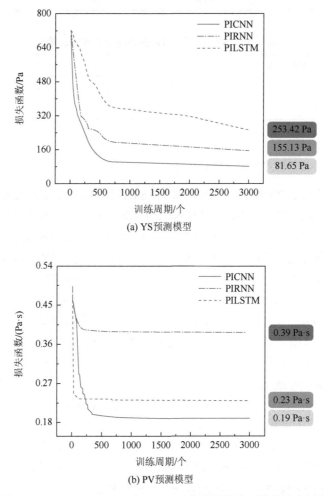

图 5.17　PICNN、PIRNN 和 PILSTM 模型的损失函数值演变过程

图 5.18 展示了 PICNN、PIRNN 和 PILSTM 模型在训练集和测试集上的 Loss 值。在 YS 预测方面，如图 5.18（a）和（b）所示，PICNN 模型整体表现较优，其在训练集和测试集上的 Loss 整体值明显低于 PIRNN 模型和 PILSTM 模型。具体而言，PICNN 模型在训练集和测试集上的 Loss 平均值分别为 171.66 Pa 和 199.39 Pa，最大值分别为 698.89 Pa 和 523.66 Pa，最小值分别为 18.34 Pa 和 23.05 Pa；PIRNN 模型的 Loss 平均值分别为 108.32 Pa 和 261.36 Pa，最大值分别

为 625.23 Pa 和 617.23 Pa，最小值分别为 3.67 Pa 和 28.77 Pa；PILSTM 模型的 Loss 平均值分别为 138.98 Pa 和 283.96 Pa，最大值分别为 685.86 Pa 和 677.86 Pa，最小值分别为 8.14 Pa 和 30.86 Pa。这说明，在 YS 预测任务中，PICNN 模型相较于其他两个模型在训练集和测试集上都取得了更好的性能。在 PV 预测方面，如图 5.18（c）和（d）所示，同样可以观察到 PICNN 模型在训练集和测试集上的 Loss 整体值均呈现出较低状态。具体而言，PICNN 模型在训练集和测试集上的 Loss 平均值分别为 0.35 Pa·s 和 0.65 Pa·s，最大值分别为 0.88 Pa·s 和 2.41 Pa·s，最小值为 0.02 Pa·s 和 0.13 Pa·s；PIRNN 模型的 Loss 平均值分别为 0.62 Pa·s 和 0.85 Pa·s，最大值分别为 1.79 Pa·s 和 3.41 Pa·s，最小值分别为 0.15×10^{-2} Pa·s 和 0.02 Pa·s；PILSTM 模型的 Loss 平均值分别为 0.44 Pa·s 和 0.73 Pa·s，最大值分别为 1.13 Pa·s 和 2.62 Pa·s，最小值分别为 0.65×10^{-4} Pa·s 和 0.09 Pa·s。这说明，与 PIRNN 模型和 PILSTM 模型相比，PICNN 模型在预测 PV 时的表现更佳。综上所述，PICNN 模型相较于 PIRNN 模型和 PILSTM 模型，在 YS 和 PV 预测任务中都表现出较高的预测能力和鲁棒性。

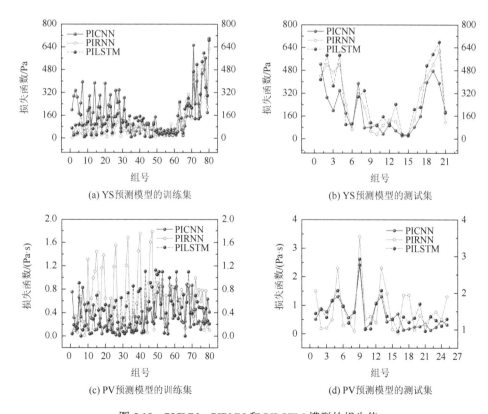

(a) YS预测模型的训练集　　　　(b) YS预测模型的测试集

(c) PV预测模型的训练集　　　　(d) PV预测模型的测试集

图 5.18　PICNN、PIRNN 和 PILSTM 模型的损失值

为了更全面地评估 PICNN、PIRNN 和 PILSTM 模型在预测 YS 和 PV 方面的差异，本节还采用 R^2 和 RMSE 指标对 PICNN、PIRNN 和 PILSTM 模型的预测效果进行了量化。表 5.8 列举了 PICNN、PIRNN 和 PILSTM 模型在预测 YS 方面的评估结果。由表可知，PICNN 模型在训练集和测试集上的 R^2 均为 0.98，RMSE 分别为 95.92 Pa 和 113.50 Pa；PIRNN 模型在训练集和测试集上的 R^2 分别为 0.95 和 0.93，RMSE 分别为 181.09 Pa 和 283.39 Pa；PILSTM 模型在训练集和测试集上的 R^2 分别为 0.89 和 0.86，RMSE 分别为 307.98 Pa 和 321.15 Pa。表 5.9 列举了 PICNN、PIRNN 和 PILSTM 模型在预测 PV 方面的评估结果。由表可知，PICNN 模型在训练集和测试集上的 R^2 分别为 0.96 和 0.95，RMSE 分别为 0.19 Pa·s 和 0.22 Pa·s；PIRNN 模型在训练集和测试集上的 R^2 分别为 0.83 和 0.75，RMSE 分别为 0.42 Pa·s 和 0.57 Pa·s；PILSTM 模型在训练集和测试集上的 R^2 分别为 0.91 和 0.81，RMSE 分别为 0.30 Pa·s 和 0.42 Pa·s。上述量化结果再次验证了 PICNN 模型在预测 YS 和 PV 中的较高准确性和鲁棒性。

表 5.8 PICNN、PIRNN 和 PILSTM 模型在预测 YS 方面的效果对比

模型	R^2		RMSE/Pa	
	训练集	测试集	训练集	测试集
PICNN	0.98	0.98	95.92	113.50
PIRNN	0.95	0.93	181.09	283.39
PILSTM	0.89	0.86	307.98	321.15

表 5.9 PICNN、PIRNN 和 PILSTM 模型在预测 PV 方面的效果对比

模型	R^2		RMSE/(Pa·s)	
	训练集	测试集	训练集	测试集
PICNN	0.96	0.95	0.19	0.22
PIRNN	0.83	0.75	0.42	0.57
PILSTM	0.91	0.81	0.30	0.42

5.4.3 基于 SHAP 方法的参数分析

1. 局部解释

局部解释用于分析每个样本的预测结果，其中每个样本的输出结果通过 SHAP 值的线性相加得到。因此，每个输入参数的 SHAP 值能够量化其对样本输出结果的贡献。为了更清晰地展示每个输入参数对 YS 预测模型和 PV 预测模型的

具体贡献，从模型中选取了反映三种典型情况的三个样本，并对其 SHAP 值进行了详细解释，如图 5.19 和图 5.20 所示。通过在基准值（base value）的基础上叠加不同输入参数的 SHAP 值，可以得到 YS 和 PV 的最终预测值。在叠加过程中，深色部分表示对预测结果做出了正贡献，浅色部分表示对预测结果做出了负贡献。

图 5.19 展示了 YS 预测模型中三个典型样本的局部解释。如图 5.19（a）所示，样本一的基准值为 696.90，而最终值为 828.02，使二者产生差异的主要正贡献因素为 SP/B（0.4）。这是因为水泥基复合材料的水泥浆悬浮液中颗粒之间的相互作用力能够显著影响其 YS，作用力越大，YS 越高。Flatt 等[61]提出，SP 在新拌水泥浆悬浮液中的用途主要分为三部分：化学反应消耗、水泥颗粒或水合物表面的吸附以及在悬浮液中的残留。随着 SP 的增加，水泥颗粒或水合物表面会发生更多的吸附，吸附的分子层会导致颗粒表面疏水性发生变化。疏水性是水泥浆悬浮液中表面活性剂胶束形成的驱动机制，能够使疏水表面相互吸引，增大疏水颗粒之间的范德华引力，从而提高水泥基复合材料的 YS。这一结果与 Qian 等[62]和 Feneuil 等[63]的研究结果一致。除了 SP/B（0.4），另一个主要正贡献因素为 ESA（0）。ESA 是一种能够加快水泥水化速度的外加剂，促进水泥基复合材料早期强度发展。Wang 等[64]发现，各种类型的 ESA 能够增加水泥水化的早期累积放热量。ESA 中的硫酸铝和硅酸钠能够迅速生成大量的 CSH 和 Aft，在水泥基复合材料内部形成致密的空间网络结构。当水泥基复合材料内部水泥颗粒之间的距离增大时，空间排斥力也相应增大，从而降低水泥基复合材料的 YS。这反向证明了，ESA（0）能够提高水泥基复合材料的 YS。这一结果与刘洋等[65]的研究结果一致。除了正贡献因素，还存在一些负贡献因素影响样本一的最终输出结果，其中影响较大的因素是 TA（7.5）和 SF（0）。TA 起到填充水泥颗粒团聚体的作用，能够提高其黏结程度，同时增大水泥浆体系中颗粒之间的相互排斥力，从而降低水泥基复合材料的 YS。此外，SF 能够吸附水泥基复合材料内部的自由水。因此，随着 SF 的减少，吸附的自由水变少，水泥基复合材料内部的自由水用量相应提高，从而降低其 YS。这些结果与 Meng 等[66]的研究结论相似。

如图 5.19（b）所示，影响样本二最终输出结果的主要正贡献因素为 TA（1.5）。少量 TA 能够在剪切作用下吸附水泥基复合材料内部的自由水，并增加絮凝量，从而提高水泥基复合材料的 YS。这一结果与 Meng 等[66]的研究结果一致。此外，样本二的主要负贡献影响因素为 ESA（3.3）和 SF（0），这意味着当水泥基复合材料不含 SF 或者 ESA 为 3.3 kg/m^3 时，其 YS 会相应提高，具体原因见上文。

如图 5.19（c）所示，与样本二相似，样本三的主要负贡献影响因素为 ESA（3.3）和 SF（0）。此外，样本三的主要正贡献影响因素为 SAC（80）、TA（0）和 FA（0），三者的影响程度大致相等。这是因为 SAC 的主要矿物成分是无水硫酸钙和硅酸二钙，二者结合可以产生良好的凝胶特性，从而促进水泥基复合材料快速凝结。在水泥基复合材料早期凝结过程中，SAC 还能够加速水化放热。在一系列综合作用下，水泥基复合材料内部的自由水会减少，同时水泥颗粒之间的连接会更加紧密，从而提高其 YS。这一结果与 Chen 等[67]的研究结果一致。对于 TA 和 FA 来说，二者均能够改善水泥基复合材料的触变性，从而降低其 YS。这反向证明了，TA（0）和 FA（0）能够提高水泥基复合材料的 YS。

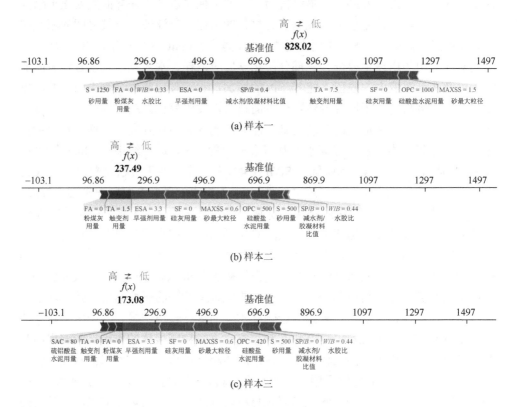

图 5.19　YS 预测模型的局部解释图

图 5.20 展示了 PV 预测模型中三个典型样本的局部解释。如图 5.20（a）所示，样本一的基准值为 2.37，而最终值为 3.34，使二者产生差异的主要正贡献因素为 TA（1）。这是因为 TA 在水泥基复合材料中能够形成厚聚合物层，减弱了内部水泥颗粒之间的吸引力，絮凝结构相应减少，从而降低水泥基复合材料的 PV。这反向证明了，TA（1）能够提高水泥基复合材料的 PV。该结论与 Kolawole 等[68]的研究结果一致。除了正贡献因素，还存在一些影响负贡献因素样本一的最终输出结果，其中影响较大的因素是 SAC（0）和 S（500），二者的影响程度大致相等。

如图 5.20（b）所示，与样本一相似，样本二的主要正贡献影响因素为 TA（5）。

此外，样本二的主要负贡献影响因素为 S（750），这意味着当水泥基复合材料中的 S 用量过高时，会降低其 PV。Ren 等[69]发现，在低体积分数范围内，适当增加 S 能够提高水泥颗粒之间的碰撞概率，从而提高水泥基复合材料的 PV；而在高体积分数范围内，大比表面积的 S 需要大量自由水来润滑颗粒表面，此时增加 S 会降低水泥基复合材料的 PV。

如图 5.20（c）所示，与样本一和二相似，样本三的主要正贡献影响因素为 TA（5）。此外，样本三的主要负贡献影响因素为砂最大粒径（MAXSS）（1）。这是因为 S 的比表面积随着 MAXSS 的增加而增大，导致水泥基复合材料内部颗粒拥挤并直接接触，使水泥悬浮液中形成大量固体团聚体，从而降低其 PV。该结果与 Ren 等[69]的研究结果一致。

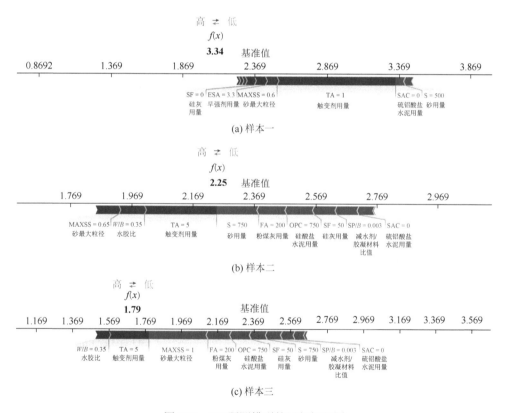

图 5.20   PV 预测模型的局部解释图

2. 全局解释

全局解释旨在展示每个输入参数经过加权后的 SHAP 值以及其正负贡献的相对百分比。图 5.21 展示了 YS 预测模型和 PV 预测模型的全局解释，参数按照 SHAP

值从高到低排序。由图 5.21（a）可知，对 YS 预测模型的输出结果贡献最大的前六个参数分别为 SF、ESA、MAXSS、OPC、SP/*B* 和 S，这与图 5.19 的结果一致。图 5.21（b）显示，对 PV 预测模型的输出结果贡献最大的前六个参数分别为 TA、SAC、S、MAXSS、*W/B* 和 SF，这与图 5.20 的结果一致。值得注意的是，*W/B* 对 YS、OPC 对 PV 的正负贡献边界比较模糊，主要原因是：①*W/B* 和 OPC 这两个输入参数分别在 YS 预测模型和 PV 预测模型中分布不均匀；②*W/B* 对水泥基复合材料的 YS 影响较小；③OPC 对水泥基复合材料的 PV 影响较小。

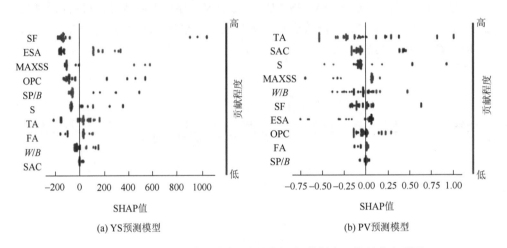

(a) YS预测模型　　　　　　(b) PV预测模型

图 5.21　流变性能预测模型的全局解释图（扫描封底二维码获取彩图）

5.4.4　智能调控前后的打印效果对比

3D 打印混凝土的质量受多种因素的综合影响，其中包括材料的配合比与物理性能、施工环境的温湿度条件、打印设备的硬件配置、打印参数的精确调控以及操作过程中的施工精度。这些因素之间的相互作用极为复杂，任何一个环节的失误或不协调都可能引发一系列问题，如材料层间结合不良、打印过程的不连续性，甚至在成型后的混凝土表面出现明显的裂纹或缺陷，如图 5.22（a）所示。特别是在大规模或复杂结构的打印过程中，这些问题往往会进一步加剧，影响最终的成型质量和结构性能。

本章提出的基于智能化调控的参数优化方法，能够实时调整混凝土打印过程中的关键参数，实现对打印精度和质量的智能化控制。通过该方法，显著减少了传统工艺中常见的分层、裂纹等问题的发生，提升了材料的均匀性和打印的一致性，如图 5.22（b）所示。这一方法有效改善了 3D 打印混凝土的成型质量，并对其长期性能产生了积极影响。

(a) 智能调控前：打印效果较差　　　　　(b) 智能调控后：打印效果较好

图 5.22　3D 打印混凝土效果对比

5.5　本　章　小　结

本章首先介绍了水泥基复合材料的流变学基础，并探讨了相关的物理信息方程（包括 YS 和 PV 方程）以及如何将物理信息融入 ML 模型中以提高其预测性能，基于 YS 和 PV 方程、CNN 模型建立了用于预测流变性能的融合模型。随后，介绍了水泥基复合材料性能预测模型的超参数自动调优原理，并选定了三种典型优化算法（包括 GA、PSO 和 DBO），以 RMSE 作为目标函数，探讨了上述三种优化算法在收敛速度和最终性能上的差异，确定了水泥基复合材料性能预测模型超参数调优的最佳优化算法（DBO）和最佳超参数配置，并且对比分析了基于 DBO 自动调优超参数和随机生成的一千组超参数的模型的预测效果。最后，介绍了水泥基复合材料性能预测融合模型（PICNN）建立过程，并探讨了 PICNN 模型与其他模型（包括 CNN、PIE、PIRNN 和 PILSTM）在预测结果方面的差异，基于 SHAP 方法对预测模型进行了可解释性分析，阐述了各类输入参数分别对流变性能、可打印性和力学性能的影响情况。主要结论如下。

（1）提出了用于预测流变性能的物理信息卷积神经网络融合模型（PICNN）的损失函数计算公式，为下一步优化和应用 PICNN 模型提供了理论依据和实践指导。

（2）确定了 CNN 和 PICNN 模型的超参数及其取值范围。在 YS 预测方面，GA-PICNN、PSO-PICNN 和 DBO-PICNN 模型分别经过 478 次、234 次和 1535 次迭代达到收敛。在第 3000 次迭代时，上述三种模型的 RMSE 分别为 1500.32 Pa、257.16 Pa 和 98.62 Pa。因此，确定出 DBO-PICNN 模型是预测 YS 的最佳模型。此外，与采用随机生成超参数的模型相比，利用 DBO 自动调优超参数的模型的 RMSE 降低了 82%；在 PV 预测方面，GA-PICNN、PSO-PICNN 和 DBO-PICNN 模型分别经过 499 次、229 次和 551 次迭代达到收敛。在第 3000 次迭代时，上述三种模型的 RMSE 分别为 0.30 Pa·s、0.29 Pa·s 和 0.26 Pa·s。因此，确定出 DBO-PICNN 模型是预测 PV 的最佳模型。此外，与采用随机生成超参数的模型相比，利用 DBO 自动调优超参数的模型的 RMSE 降低了 26%。

（3）提出了一种 CNN 和 PICNN 模型超参数自动调优的方法，为下一步实现高效、精准预测水泥基复合材料的性能奠定了基础。

（4）YS 和 PV 预测模型（PICNN）的损失函数（Loss）值均随着 epoch 的增加呈现出持续下降的趋势。在经过 3000 个 epoch 的训练后，YS 预测模型的 Loss 从 695.99 Pa 降低至 81.65 Pa，PV 预测模型的 Loss 从 0.47 Pa·s 降低至 0.19 Pa·s；在 YS 预测训练集和测试集上，PICNN 模型的 Loss 平均值分别为 171.66 Pa 和

199.39 Pa，CNN 模型分别为 211.35 Pa 和 311.70 Pa，PIRNN 模型分别为 108.32 Pa 和 261.36 Pa，PILSTM 模型分别为 138.98 Pa 和 283.96 Pa。与 CNN、PIRNN 和 PILSTM 模型相比，PICNN 模型在预测 YS 方面表现更优。此外，PICNN 模型的 Loss 值在大部分情况下接近 PIE 的 Loss 值，训练集和测试集上的误差绝对值的平均值分别为 65.26 Pa 和 31.29 Pa。这说明 PICNN 模型在 YS 预测方面的输出结果比较准确，符合客观物理规律；在 PV 预测训练集和测试集上，PICNN 模型的 Loss 平均值分别为 0.35 Pa·s 和 0.65 Pa·s，CNN 模型分别为 0.59 Pa·s 和 1.06 Pa·s，PIRNN 模型分别为 0.62 Pa·s 和 0.85 Pa·s，PILSTM 模型分别为 0.44 Pa·s 和 0.73 Pa·s。与 CNN、PIRNN 和 PILSTM 模型相比，PICNN 模型在预测 PV 方面表现更优。此外，PICNN 模型的 Loss 值在大部分情况下接近 PIE 的 Loss 值，训练集和测试集上的误差绝对值的平均值均为 0.12 Pa·s。这说明 PICNN 模型在 PV 预测方面的输出结果比较准确，符合客观物理规律。

（5）SHAP 分析的结果显示，对 YS 预测模型的输出结果贡献最大的前六个参数依次为 SF、ESA、MAXSS、OPC、SP/B 和 S，对 PV 预测模型的输出结果贡献最大的前六个参数依次为 TA、SAC、S、MAXSS、W/B 和 SF。

（6）建立了融合物理知识的水泥基复合材料性能高精度智能化预测模型，为下一步实现多场景需求下的材料和工艺参数智能优化设计奠定了坚实基础。

参 考 文 献

[1] Karpatne A，Atluri G，Faghmous J H，et al. Theory-guided data science: A new paradigm for scientific discovery from data[J]. IEEE Transactions on Knowledge and Data Engineering，2017，29（10）：2318-2331.

[2] Karniadakis G E，Kevrekidis I G，Lu L，et al. Physics-informed machine learning[J]. Nature Reviews Physics，2021，3（6）：422-440.

[3] 沈焕锋，张良培. 地球表层特征参量反演与模拟的机理-学习耦合范式[J]. 中国科学：地球科学. 2023，53(3)：546-560.

[4] Sawada Y. Machine learning accelerates parameter optimization and uncertainty assessment of a land surface model[J]. Journal of Geophysical Research: Atmospheres，2020，125（20）：e2020JD032688.

[5] Pfau D，Spencer J S，Matthews A G D G，et al. Ab initio solution of the many-electron Schrödinger equation with deep neural networks[J]. Physical Review Research，2020，2（3）：033429.

[6] Lu L，Dao M，Kumar P，et al. Extraction of mechanical properties of materials through deep learning from instrumented indentation[J]. Proceedings of the National Academy of Sciences，2020，117（13）：7052-7062.

[7] Behler J，Parrinello M. Generalized neural-network representation of high-dimensional potential-energy surfaces[J]. Physical Review Letters，2007，98（14）：146401.

[8] 纪军，李惠. 土木工程智能防灾减灾研究进展[J]. 中国科学基金，2023，37（5）：840-853.

[9] Li W，Bazant M Z，Zhu J. A physics-guided neural network framework for elastic plates: Comparison of governing equations-based and energy-based approaches[J]. Computer Methods in Applied Mechanics and Engineering，2021，383：113933.

[10]　Drgoňa J，Tuor A R，Chandan V，et al. Physics-constrained deep learning of multi-zone building thermal dynamics[J]. Energy and Buildings，2021，243：110992.

[11]　Kissas G，Yang Y，Hwuang E，et al. Machine learning in cardiovascular flows modeling：Predicting arterial blood pressure from non-invasive 4D flow MRI data using physics-informed neural networks[J]. Computer Methods in Applied Mechanics and Engineering，2020，358：112623.

[12]　Sun L，Wang J X. Physics-constrained bayesian neural network for fluid flow reconstruction with sparse and noisy data[J]. Theoretical and Applied Mechanics Letters，2020，10（3）：161-169.

[13]　Reinbold P A K，Kageorge L M，Schatz M F，et al. Robust learning from noisy，incomplete，high-dimensional experimental data via physically constrained symbolic regression[J]. Nature Communications，2021，12（1）：3219.

[14]　Da Veiga S，Marrel A. Gaussian process modeling with inequality constraints[C]//Annales de la Faculté des sciences de Toulouse：Mathématiques. 2012，21（3）：529-555.

[15]　López-Lopera A F，Bachoc F，Durrande N，et al. Finite-dimensional Gaussian approximation with linear inequality constraints[J]. SIAM/ASA Journal on Uncertainty Quantification，2018，6（3）：1224-1255.

[16]　Jensen B S，Nielsen J B，Larsen J. Bounded gaussian process regression[C]//2013 IEEE international workshop on machine learning for signal processing（MLSP）. Institute of Electrical and Electronics Engineers，2013：1-6.

[17]　Bachoc F，Lagnoux A，López-Lopera A F. Maximum likelihood estimation for Gaussian processes under inequality constraints[J]. Statistics Theory，2019，13（2）：2921-2969.

[18]　Yucesan Y A，Viana F A C. Hybrid physics-informed neural networks for main bearing fatigue prognosis with visual grease inspection[J]. Computers in Industry，2021，125：103386.

[19]　Cho I H. A framework for self-evolving computational material models inspired by deep learning[J]. International Journal for Numerical Methods in Engineering，2019，120（10）：1202-1226.

[20]　Zhang Z，Rai R，Chowdhury S，et al. MIDPhyNet：Memorized infusion of decomposed physics in neural networks to model dynamic systems[J]. Neurocomputing，2021，428：116-129.

[21]　Pawar S，San O，Aksoylu B，et al. Physics guided machine learning using simplified theories[J]. Physics of Fluids，2021，33（1）：011701.

[22]　Zamzam A S，Sidiropoulos N D. Physics-aware neural networks for distribution system state estimation[J]. IEEE Transactions on Power Systems，2020，35（6）：4347-4356.

[23]　Lei X Y，Yang Z F，Yu J，et al. Data-driven optimal power flow：A physics-informed machine learning approach[J]. IEEE Transactions on Power Systems，2020，36（1）：346-354.

[24]　Chen Y T，Zhang D X. Physics-constrained deep learning of geomechanical logs[J]. IEEE Transactions on Geoscience and Remote Sensing，2020，58（8）：5932-5943.

[25]　Raissi M，Perdikaris P，Karniadakis G E. Machine learning of linear differential equations using Gaussian processes[J]. Journal of Computational Physics，2017，348：683-693.

[26]　Swiler L P，Gulian M，Frankel A L，et al. A survey of constrained Gaussian process regression：Approaches and implementation challenges[J]. Journal of Machine Learning for Modeling and Computing，2020，1（2）：119-156.

[27]　Ni Y，Feng S，Ma W Y，et al. Sliced denoising：A physics-informed molecular pre-training method[J]. arXiv preprint，2023，arXiv：2311.02124.

[28]　Guo J，Yao Y，Wang H，et al. Pre-training strategy for solving evolution equations based on physics-informed neural networks[J]. Journal of Computational Physics，2023，489：112258.

[29]　Chen Y，Koohy S. Gpt-pinn：Generative pre-trained physics-informed neural networks toward non-intrusive meta-learning of parametric pdes[J]. Finite Elements in Analysis and Design，2024，228：104047.

[30] Liu H Y，Zhang Y B，Wang L. Pre-training physics-informed neural network with mixed sampling and its application in high-dimensional systems[J]. Journal of Systems Science and Complexity，2024，37（2）：494-510.

[31] Muller A P O，Costa J C，Bom C R，et al. Deep pre-trained FWI：where supervised learning meets the physics-informed neural networks[J]. Geophysical Journal International，2023，235（1）：119-134.

[32] Brivio S，Fresca S，Manzoni A. PTPI-DL-ROMs：pre-trained physics-informed deep learning-based reduced order models for nonlinear parametrized PDEs[J]. arXiv preprint，2024，arXiv：2405.08558.

[33] Yao K，Herr J E，Toth D W，et al. The TensorMol-0.1 model chemistry：A neural network augmented with long-range physics[J]. Chemical Science，2018，9（8）：2261-2269.

[34] Xiong Q S，Kong Q Z，Yuan C，et al. Fusing physics-based and machine learning models for rapid ground-motion-adaptative probabilistic seismic fragility assessment[J]. Journal of Building Engineering，2024，87：108938.

[35] Arcomano T，Szunyogh I，Wikner A，et al. A hybrid approach to atmospheric modeling that combines machine learning with a physics-based numerical model[J]. Journal of Advances in Modeling Earth Systems，2022，14（3）：e2021MS002712.

[36] Bhasme P，Vagadiya J，Bhatia U. Enhancing predictive skills in physically-consistent way：Physics Informed Machine Learning for hydrological processes[J]. Journal of Hydrology，2022，615：128618.

[37] Jia X W，Lin B Y，Zwart J，et al. Graph-based reinforcement learning for active learning in real time：An application in modeling river networks[C]//Proceedings of the 2021 SIAM International Conference on Data Mining（SDM）. Society for Industrial and Applied Mathematics，2021：621-629.

[38] Read J S，Jia X，Willard J，et al. Process-guided deep learning predictions of lake water temperature[J]. Water Resources Research，2019，55（11）：9173-9190.

[39] Daw A，Karpatne A，Watkins W D，et al. Physics-guided neural networks（PGNN）：An application in lake temperature modeling[M]//Knowledge Guided Machine Learning. New York：Chapman and Hall，2022：353-372.

[40] Jia X，Zwart J，Sadler J，et al. Physics-guided recurrent graph model for predicting flow and temperature in river networks[C]//Proceedings of the 2021 SIAM International Conference on Data Mining（SDM）. Society for Industrial and Applied Mathematics，2021：612-620.

[41] Long W J，Tao J L，Lin C，et al. Rheology and buildability of sustainable cement-based composites containing micro-crystalline cellulose for 3D-printing[J]. Journal of Cleaner Production，2019，239：118054.

[42] Weng Y W，Lu B，Li M Y，et al. Empirical models to predict rheological properties of fiber reinforced cementitious composites for 3D printing[J]. Construction and Building Materials，2018，189：676-685.

[43] Chen X，Yu R，Ullah S，et al. A novel loss function of deep learning in wind speed forecasting[J]. Energy，2022，238：121808.

[44] Du M G，Chen Y T，Zhang D X. AutoKE：An automatic knowledge embedding framework for scientific machine learning[J]. IEEE Transactions on Artificial Intelligence，2022，4（6）：1564-1578.

[45] Razak S M，Cornelio J，Cho Y，et al. Embedding physical flow functions into deep learning predictive models for improved production forecasting[C]//Unconventional Resources Technology Conference. Unconventional Resources Technology Conference（URTeC），2022：2098-2117.

[46] Liao L Z，Li H，Shang W Y，et al. An empirical study of the impact of hyperparameter tuning and model optimization on the performance properties of deep neural networks[J]. ACM Transactions on Software Engineering and Methodology（TOSEM），2022，31（3）：1-40.

[47] Probst P，Boulesteix A L，Bischl B. Tunability：Importance of hyperparameters of machine learning algorithms[J].

Journal of Machine Learning Research，2019，20（53）：1-32.

[48] Ogunsanya M，Isichei J，Desai S. Grid search hyperparameter tuning in additive manufacturing processes[J]. Manufacturing Letters，2023，35：1031-1042.

[49] Alibrahim H，Ludwig S A. Hyperparameter optimization：Comparing genetic algorithm against grid search and bayesian optimization[C]//2021 IEEE Congress on Evolutionary Computation（CEC）. Institute of Electrical and Electronics Engineers，2021：1551-1559.

[50] Tuba E，Bačanin N，Strumberger I，et al. Convolutional neural networks hyperparameters tuning[M]//Artificial intelligence：theory and applications. Cham：Springer International Publishing，2021：65-84.

[51] Asrav T，Aydin E. Physics-informed recurrent neural networks and hyper-parameter optimization for dynamic process systems[J]. Computers & Chemical Engineering，2023，173：108195.

[52] Cho H，Kim Y，Lee E，et al. Basic enhancement strategies when using Bayesian optimization for hyperparameter tuning of deep neural networks[J]. IEEE Access，2020，8：52588-52608.

[53] Katoch S，Chauhan S S，Kumar V. A review on genetic algorithm：Past，present，and future[J]. Multimedia Tools and Applications，2021，80：8091-8126.

[54] Wang D S，Tan D P，Liu L. Particle swarm optimization algorithm：An overview[J]. Soft computing，2018，22（2）：387-408.

[55] Xue J K，Shen B. Dung beetle optimizer：A new meta-heuristic algorithm for global optimization[J]. The Journal of Supercomputing，2023，79（7）：7305-7336.

[56] Geng S Y，Luo Q L，Cheng B Y，et al. Intelligent multi-objective optimization of 3D printing low-carbon concrete for multi-scenario requirements[J]. Journal of Cleaner Production，2024，445：141361.

[57] Handelman G S，Kok H K，Chandra R V，et al. Peering into the black box of artificial intelligence：Evaluation metrics of machine learning methods[J]. American Journal of Roentgenology，2019，212（1）：38-43.

[58] Gonzalez R C. Deep convolutional neural networks [Lecture Notes][J]. IEEE Signal Processing Magazine，2018，35（6）：79-87.

[59] Jeba J A. Case study of hyperparameter optimization framework Optuna on a Multi-column Convolutional Neural Network[D]. Sasktoon：University of Saskatchewan，2021.

[60] Mallya A，Lazebnik S. Packnet：Adding multiple tasks to a single network by iterative pruning[C]//Proceedings of the IEEE conference on Computer Vision and Pattern Recognition，2018：7765-7773.

[61] Flatt R J，Houst Y F. A simplified view on chemical effects perturbing the action of superplasticizers[J]. Cement and Concrete Research，2001，31（8）：1169-1176.

[62] Qian Y，Lesage K，El Cheikh K，et al. Effect of polycarboxylate ether superplasticizer（PCE）on dynamic yield stress，thixotropy and flocculation state of fresh cement pastes in consideration of the Critical Micelle Concentration（CMC）[J]. Cement and Concrete Research，2018，107：75-84.

[63] Feneuil B，Pitois O，Roussel N. Effect of surfactants on the yield stress of cement paste[J]. Cement and Concrete Research，2017，100：32-39.

[64] 王子明，赵攀，刘晓，等. 不同促凝早强剂对喷射混凝土性能的影响研究[J]. 混凝土世界，2022（5）：12-16.

[65] 刘洋，张新民，郑永超，等. 早强剂对水泥水化放热及混凝土防冻效果的作用研究[J]. 水泥，2021（2）：11-14.

[66] Meng W N，Kumar A，Khayat K H. Effect of silica fume and slump-retaining polycarboxylate-based dispersant on the development of properties of portland cement paste[J]. Cement and Concrete Composites，2019，99：181-190.

[67]　Chen M X，Yang L，Zheng Y，et al. Yield stress and thixotropy control of 3D-printed calcium sulfoaluminate cement composites with metakaolin related to structural build-up[J]. Construction and Building Materials，2020，252：119090.

[68]　Kolawole J T，Combrinck R，Boshoff W P. Measuring the thixotropy of conventional concrete：The influence of viscosity modifying agent，superplasticiser and water[J]. Construction and Building Materials，2019，225：853-867.

[69]　Ren Q A，Tao Y X，Jiao D W，et al. Plastic viscosity of cement mortar with manufactured sand as influenced by geometric features and particle size[J]. Cement and Concrete Composites，2021，122：104163.

第6章 物理信息引导的低碳水泥基复合材料智能化设计方法及应用

6.1 引　　言

随着城市化的快速发展和建筑行业的持续扩张，以 HPC 为代表的高性能水泥基复合材料在现代基础设施建设中扮演了至关重要的角色。目前 HPC 的设计存在如下主要问题。

（1）传统的设计方法需要进行大量的实验试配，这种基于试错的方法不仅需要大量的劳动力和时间成本，而且在很大程度上依赖于工程师的经验。此外，在使用传统方法设计 HPC 时，往往忽视了环境因素，例如碳排放和能源消耗，不利于"双碳"目标的实现；

（2）现有基于 ML 模型的设计方法依赖于数据驱动，缺乏物理理论的引导，模型缺乏泛化能力，甚至可能出现与客观物理世界相违背的结果；此外，颗粒堆积状态是影响混凝土性能的重要因素，提高颗粒堆积密实度是降低混凝土碳排放的主要手段之一，目前尚未有研究将颗粒堆积理论与 ML 模型结合实现物理引导的混凝土智能化设计；

针对这些问题，本章将深入探讨基于 ML 模型的优化方法，以实现低碳水泥基复合材料智能化设计。

6.2 设计方法概述

6.2.1 低碳水泥基复合材料单目标优化设计方法

本节开发了一种基于 ML 模型的低碳 HPC 设计方法，旨在智能化设计具有低碳足迹和高堆积密实度的 HPC。在该方法中，采用了 RF 模型用于预测 HPC 的流动性和 28 d 抗压强度，通过 GA 框架寻找碳排放最低的最佳 HPC 配合比；此外，应用 CPM 模型进行骨料级配优化，尽可能使颗粒的堆积密实度最大化。使用该方法，能够获得同时满足流动性、力学性能和可持续性要求的 HPC。

图 6.1 展示了基于 ML 模型的低碳 HPC 设计方法的流程图，包括 HPC 性能

预测建模、配合比设计、骨料级配设计以及经济和生态分析。需要特别强调的是，鉴于 GA 和差分进化（differential evolution，DE）各自独特的特性和对不同优化问题的适应性，它们分别用于 HPC 的配合比和骨料级配的优化。

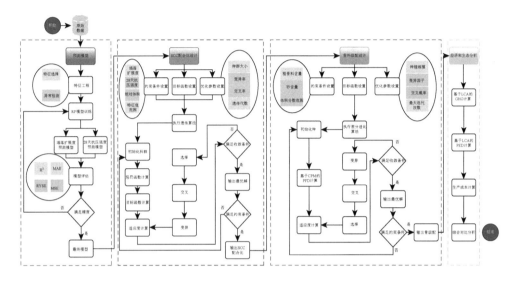

图 6.1　基于 ML 模型的低碳 HPC 设计方法流程图

GA 在处理复杂优化问题时表现优异，能够有效应对噪声问题。其迭代过程中采用的概率机制，有助于避免陷入局部最优陷阱，从而展示出卓越的全局搜索能力。此外，GA 易于扩展，能够与其他算法有效集成。因此，本章将 GA 与复杂的 ML 模型相结合，用于 HPC 的配合比设计。

相对而言，DE 具有结构简单、稳健性强和收敛速度快等特点，适用于相对简单的骨料级配优化问题。其高效的计算能力使其在优化骨料级配时表现优异。

1. 低碳自密实混凝土配合比设计

结合第 4 章建立的混凝土性能预测模型，本章引入 GA 以优化低碳 HPC 的设计参数。在这一过程中，首先需要基于用户需求确定约束条件和目标函数。在本节中，目标函数被定义为最小化隐含碳排放，以实现 HPC 的低碳化设计。约束条件包括 HPC 的性能约束、绝对体积约束和特征关系约束。通过选择、交叉和变异的迭代步骤，得到具有最佳目标值的配合比。图 6.2 简要概括了该优化过程。

2. 高堆积密实度骨料级配设计

在确定 HPC 的配合比参数后，记录砂和粗骨料的用量并传递至后续步骤。这

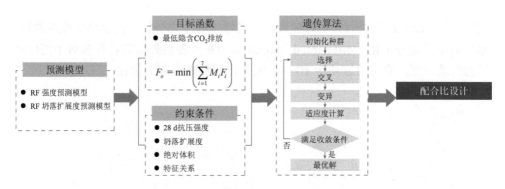

图 6.2　低碳 HPC 设计过程

一环节包括骨料级配的优化，通过 CPM 预测堆积密实度，将 CPM 与 DE 相结合，实现级配优化。在此阶段，需要确定若干参数以建立 CPM，实现对混合物堆积密实度的准确预测。随后，采用 DE 优化骨料级配，旨在实现最紧密的颗粒堆积。需要指出的是，为了便于阅读，配合比优化和骨料级配优化在两个独立部分中描述，然而，在实际设计过程中，这两个部分可以整合在一起，一次设计即可获得低碳 HPC 的配合比参数和相应的骨料级配参数。

6.2.2　全生命周期评价

在利用提出的方法设计出低碳高堆积密实度 HPC 后，进行了全生命周期评价（life cycle assessment，LCA）分析，以评估和比较环境影响。LCA 评估了低碳 HPC 的温室气体排放（以 CO_2e 测量）和能源消耗（单位为 MJ）。LCA 的计算方法遵循 ISO 14040 标准，以确保结果的可靠性。

本节比较了采用所提出的 AI 方法设计与传统设计方法所设计的 HPC 在温室气体排放和能源消耗方面的差异，重点分析了原材料加工和 HPC 制造（混合）过程中的环境影响。需要特别指出的是，涉及的所有建筑材料的具体环境影响值（每千克 CO_2 排放量）和排放因子均取自国际出版的文献和中国商业数据库（如 eBalance），以确保数据的可信度。

6.2.3　实验测试

自密实混凝土的两个关键最性能参数是流动性和抗压强度。根据 ASTM C1611 规范，测定新拌自密实混凝土的坍落扩展度；抗压强度则依据 ASTM C39/C39M 规范，在 28 d 龄期进行测定。

6.2.4　低碳高性能混凝土多性能协同智能设计方法

考虑现代及未来重大基础设施迫切需要混凝土材料具有多性能协同特性，即综合考量环境影响及具体工程需求，本节旨在建立一种低碳 HPC 多性能协同设计方法，对低碳混凝土材料碳排放、工作、力学及耐久性能进行平衡设计。该方法框架包括三个主要步骤：建立数据库、进行 HPC 性能预测建模以及执行多目标优化，具体流程如图 6.3 所示。

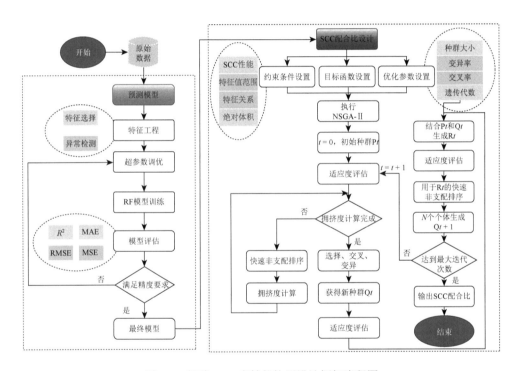

图 6.3　低碳 HPC 多性能协同设计框架流程图

方法的鲁棒性主要通过以下两个方面进行验证：首先，通过使用文献中的数据（测试集）检验模型在处理未知数据时的泛化能力；其次，运用可解释算法，特别是 PDP 方法，以检验模型的物理合理性及其设计案例的可靠性。这种验证策略综合了预测准确性和可解释性，从而确保所提方法在多性能设计中的合理性与可行性。

数据库构建和性能预测部分已在前述章节中介绍，在多目标优化部分，本节采用带精英策略的 NSGA-Ⅱ算法对 HPC 进行优化，该过程包括设定目标函数和约束条件，并执行选择、交叉和变异步骤，以确定最佳的 HPC 设计参数。这些目标根据工程需求设定，旨在最大化或最小化特定指标，同时约束条件覆盖了性能与成本等因素。

通过定义目标函数和约束条件，将可持续性、流变特性、工作性能、强度、耐久性和成本等关键因素纳入设计过程。总体目标是在各种性能标准之间实现平衡，从而在满足多性能要求的同时减少碳排放。利用带精英策略的 NSGA-Ⅱ 算法得到的帕累托解和帕累托前沿图用于评估多目标优化的效果。优化结果的性能通过与数据集中的真实数据对比来验证。

1. 目标函数

本节介绍了一种创新的多性能协同设计方法，对 HPC 进行优化设计。设计的目标函数主要有三个：最小化总二氧化碳排放量、最小化 28 d RCP，以及最小化孔隙率。

二氧化碳排放量的计算通过将每种原材料的质量乘以其相应的单位二氧化碳排放量来实现，最小化总二氧化碳排放量的目标函数如公式（6.1）所示：

$$f_1 = \min \sum_{i=1}^{n} M_i F_i \tag{6.1}$$

式中，M_i 代表每种成分的质量；F_i 代表 HPC 各成分的单位 CO_2 排放量。

28 d RCP 和孔隙率根据第 4 章中提出的基于 RF 算法的耐久性模型计算得出。目标函数 f_2 用于最小化 HPC 的 28 d RCP，而 f_3 用于最小化孔隙率，分别由公式（6.2）和公式（6.3）表示：

$$f_2 = \min[\mathrm{RF_{RCP}}(x_1, x_2, \cdots, x_n)] \tag{6.2}$$

$$f_3 = \min[\mathrm{RF_{porosity}}(x_1, x_2, \cdots, x_n)] \tag{6.3}$$

式中，$\mathrm{RF_{RCP}}$ 代表预测 HPC 的 28 d RCP 的 RF 模型；$\mathrm{RF_{porosity}}$ 代表预测 HPC 孔隙率的 RF 模型。$x_1, x_2, \cdots, x_n$ 是 RF 模型用于预测的输入变量。

2. 搜索空间

为了设计出实用可行的 HPC 配合比，定义组分的适当范围并建立变量的合适搜索空间至关重要。特征范围依据现有数据集和相关文献确定[1-3]。在本案例研究中，搜索空间有意超过现有规范推荐值（EFNARC 2005、JGJ/T 283—2012），以探索常规范围之外的合理值，并将环保因素纳入 HPC 设计中。研究选用的绿色辅助胶凝材料包括粉煤灰、石灰石粉和硅灰等。这些材料的特性范围详见表 6.1。

表 6.1　搜索空间

特征	描述	特征缩写	下限	上限
X_1	水泥用量/(kg/m³)	C	150	500
X_2	水泥强度等级/MPa	CG	42.5	52.5
X_3	粉煤灰用量/(kg/m³)	FA	0	350
X_4	石灰石粉用量/(kg/m³)	LP	0	300
X_5	水/胶凝材料	W/B	0.25	0.65
X_6	砂用量/(kg/m³)	S	550	1 000
X_7	粗骨料用量/(kg/m³)	CA	710	900
X_8	骨料最大粒径/mm	D_{MAX}	16	19
X_9	减水剂/胶凝材料	SP/B	0	0.040
X_{10}	硅灰用量/(kg/m³)	SF	0	80

注：X_2 和 X_8 为离散变量；X_2 取值 42.5 或 52.5；X_8 取值 16 或 19。

3. 约束条件

HPC 的设计需满足多种约束条件，包括特征关系约束和性能约束。

（1）特征关系约束。为确保特征关系的合理性，需对关键参数施加约束，包括总胶凝材料用量、总骨料用量、砂率和绝对体积。在本节中，这些参数的约束基于现有文献[1-3]和可用数据集确定。具体约束条件定义见公式（6.4）～公式（6.7）。绝对体积约束的目的是确保组分体积和混入的空气总和达到 1 m³，如公式（6.7）所示。根据 JGJ/T 283—2012，空气含量范围为 1%～2%。

$$360 \leqslant X_1 + X_3 + X_4 + X_{10} + X_{11} + X_{12} \leqslant 670 \tag{6.4}$$

$$1400 \leqslant X_6 + X_7 \leqslant 2000 \tag{6.5}$$

$$0.45 \leqslant X_6 \div (X_6 + X_7) \leqslant 0.55 \tag{6.6}$$

$$\sum_{i=1}^{n} \frac{M_i}{\rho_i} = 1 - V_{air} \times 0.01 \tag{6.7}$$

（2）HPC 性能约束为满足 HPC 所需性能要求，对若干重要性能参数施加约束，包括 28 d 抗压强度、坍落扩展度、L 型仪比值、V 型漏斗时间、离析率和吸水性，这些约束可根据具体需求进行定制。第 2 章开发的 RF 模型用于预测这些性能的值。通过为性能指标设定明确的下限并使用罚函数方法，在迭代过程中不符合定义约束的个体，其适应度值将显著降低，最终导致其被淘汰。

在本节中,HPC 性能的约束基于现有数据集、相关文献[1-3]以及规范(EFNARC 2005、JGJ/T 283—2012)确定。具体要求如下:坍落扩展度应超过 550 mm,L 型仪比值应高于 0.8,V 型漏斗时间应低于 25 s,离析率不应超过 20%,吸水性应控制在 0.2 mm/min$^{1/2}$ 以内。此外,强度约束根据设计的 HPC 强度等级确定。28 d RCP 和孔隙率已被纳入目标函数,其值将在优化过程中自动寻优,无须进行额外约束。需强调的是,HPC 性能的约束可根据具体工程需求进行调整。

6.3 低碳水泥基复合材料单目标优化设计

6.3.1 低碳水泥基复合材料配合比设计参数智能优化

本节以 HPC 为例进行智能化设计案例分析。将第 4 章建立的坍落扩展度和 28 d 龄期抗压强度预测模型整合到 GA 框架中,实现低碳 HPC 的配合比设计,如图 6.4 所示。

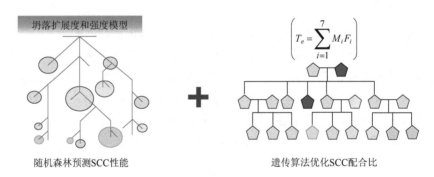

随机森林预测SCC性能   遗传算法优化SCC配合比

图 6.4　HPC 配合比优化示意图

1. 目标函数

本节旨在设计一种低碳 HPC,以降低其在整个生命周期内的碳排放,包括原材料采集、制造以及运输过程中产生的 CO_2 排放。在此背景下,目标函数被定义为最小化 HPC 的 CO_2 排放,其计算方法如公式(6.8)所示:

$$T_e = \min \left(\sum_{i=1}^{7} M_i F_i \right) \tag{6.8}$$

式中,T_e 代表 HPC 的总 CO_2 排放量;M_i 是各组分的质量,包括水泥、粉煤灰、石灰石粉、水、砂、粗骨料、水泥和减水剂;F_i 为各组分的单位 CO_2 排放量。表 6.2 列出了 HPC 每种原材料的信息[1-3]。

表 6.2　HPC 原材料信息

组分	碳排放因子/(kg/kg)	单位价格/(元/kg)	单位能量消耗/(MJ/kg)	密度/(kg/m³)
水泥	0.931 000[2]	0.500 0	4.727[3]	3 150[2]
粉煤灰	0.019 600[2]	0.130 0	0.100[1]	2 200[2]
石灰石粉	0.017 000[3]	0.600 0	0.350[3]	2 710[3]
水	0.000 196[2]	0.002 2	0.006[3]	1 000[2]
砂	0.002 600[2]	0.063 0	0.022[3]	2 600[2]
粗骨料	0.007 500[2]	0.053 0	0.113[3]	2 540[2]
减水剂	0.250 000[2]	5.630 0	18.300[3]	1 200[2]
硅灰	0.003 900[4]	1.340 0	0.036[4]	2 200[4]
矿渣	0.052 000[4]	0.710 0	1.590[4]	2 900[4]
偏高岭土	0.400 000[4]	3.530 0	3.480[4]	2 620[4]
引气剂	0.530 000[2]	8.650 0	2.100[5]	1 050[2]

2. 约束条件

HPC 的设计应受到多种约束条件的制约,包括抗压强度、流动性、绝对体积和特征关系等方面的约束。

(1)坍落扩展度约束。流动性是评估 HPC 工作性能的关键特性之一。本节采用基于 RF 的模型预测坍落扩展度,并将其设为约束条件,以限定所需坍落扩展度的范围。需强调的是,坍落扩展度的具体数值可根据用户需求进行调整。

(2)抗压强度约束。28 d 抗压强度是表征 HPC 力学性能的关键特性之一。本节引入基于 RF 的模型预测 28 d 抗压强度,并将其作为约束条件,以限定所需的抗压强度范围。该数值同样可根据用户需求进行调整。

(3)绝对体积约束。设定绝对体积约束是为了确保各组分的总体积(包括夹带的空气)总和为 1 m³[2],具体如公式(6.9)所示:

$$\sum_{i=1}^{7} \frac{M_i}{\rho_i} = 1 - V_{\text{air}} \times 0.01 \qquad (6.9)$$

根据 JGJ/T 283—2012,HPC 的空气含量应在 1%~2%。

(4)特征 M 关系约束。此外,不同原材料之间应满足特定规则。例如,根据现有文献[1-3],胶凝材料用量之和应为 350~600 kg/m³,骨料用量之和应为 1400~2000 kg/m³,砂率应为 0.45~0.55。具体约束如公式(6.10)~公式(6.12)所示:

$$350 \ll X_1 + X_3 + X_4 \ll 600 \tag{6.10}$$

$$1400 \ll X_6 + X_7 \ll 2000 \tag{6.11}$$

$$0.45 \ll X_6 \div (X_6 + X_7) \ll 0.55 \tag{6.12}$$

这些约束条件确保 HPC 在配合比设计中不仅满足性能要求,同时也符合实际应用中的规范标准。

3. 搜索空间

根据现有文献[1-3]和所用数据集,每个原材料组分的用量应保持在合理范围内,具体如表 6.3 所示。需特别注意,这些界限值可以根据用户需求进行调整。本节所设定的界限值并未严格遵循现有规范(EFNARC 2005、JGJ/T 283—2012)中的建议值,而是探索在建议值范围之外的合理值,以设计出更具可持续性的 HPC。

表 6.3　特征范围

特征	描述	缩写	下限值	上限值
X_1	水泥用量/(kg/m³)	C	150	500
X_2	水泥强度等级/MPa	CG	42.5	52.5
X_3	粉煤灰用量/(kg/m³)	FA	0	350
X_4	石灰石粉用量/(kg/m³)	LP	0	330
X_5	水/胶凝材料	W/B	0.25	0.65
X_6	砂用量/(kg/m³)	S	550	1000
X_7	粗骨料用量/(kg/m³)	CA	710	900
X_8	骨料最大粒径/mm	D_{max}	16	19
X_9	减水剂/胶凝材料	SP/B	0	0.017

4. 低碳自密实混凝土组成成分智能优化案例分析

本节展示了采用提出的 AI 方法设计的 HPC 配合比,并将其与传统设计方法进行比较。此外,通过若干重要指标,考察了低碳 HPC 设计方法的可行性,包括性能指标(坍落扩展度和 28 d 抗压强度)、胶凝材料指标(水泥用量和胶凝材料总用量)以及环境指标(隐含碳排放和隐含能源消耗)。

1)高强 HPC 设计

一般而言,28 d 抗压强度超过 60 MPa 的混凝土被称为高强混凝土[6],广泛应用于长跨度桥梁、高层建筑及其他特殊结构中。本示例演示了如何应用 AI 方法设计坍落扩展度大于 650 mm 且 28 d 抗压强度超过 60 MPa 的高强度 HPC，具体配合比如表 6.4 所示。图 6.5 比较了传统方法与 AI 方法设计的高强度 HPC。传统设计方法的指标基于国际文献中提取的具有类似性能（坍落扩展度和 28 d 抗压强度）的 HPC 数据，并计算平均值。

表 6.4　采用 AI 方法设计的高强度 HPC

HPC 编号	C60SF650
水泥用量/(kg/m³)	311
水泥强度等级/MPa	52.5
粉煤灰用量/(kg/m³)	50
石灰石粉用量/(kg/m³)	170
W/B	0.28
砂用量/(kg/m³)	908
粗骨料用量/(kg/m³)	747
骨料最大粒径/mm	16
SP/B	0.0110
坍落扩展度/mm	720
28 d 抗压强度/MPa	60.7

如图 6.5 所示，AI 设计方法成功设计出了可持续的低碳 HPC，有效减少了混凝土制品的环境影响。例如，在性能相似的情况下，与传统方法设计的 HPC 相比，AI 设计的 C60SF650 混凝土的胶凝材料消耗量减少了 11.1%，尤其是水泥的使用量大幅减少了 22.3%。因此，隐含碳排放和能量消耗分别减少了 21.2% 和 18.1%。成本也略微降低（−3.8%）。

C60SF650 的配合比和相应性能达到了良好的平衡。辅助胶凝材料，如粉煤灰和石灰石粉，大量用于替代水泥作为胶凝材料。作为可持续的替代材料，粉煤灰和石灰石粉的隐含碳排放仅占水泥的 2%，有助于实现较低的碳排放。尽管添加粉煤灰和石灰石粉可能导致 HPC 的早期强度降低，但在 28 d 及更长时间后，这种负面影响得以缓解甚至转化为正面影响[7]。此外，在这种设计中，较高的水泥强度等级、较高的砂用量、较低的 W/B 和较小的骨料粒径确保了所需的 28 d 抗压强度。在流动性方面，粉煤灰和石灰石粉的使用对坍落扩展度的提高有重要贡献。细小的石灰石粉或粉煤灰颗粒取代原本填充在空隙中的水，增加了颗粒表面水膜

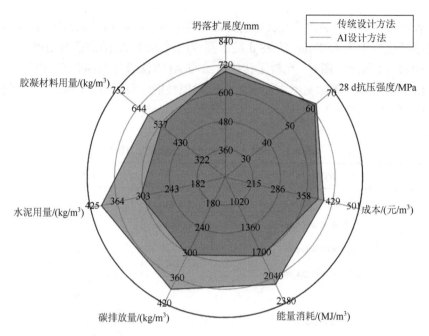

图 6.5　采用传统方法和 AI 方法设计的高强度 HPC（C60，坍落扩展度：650～750 mm）对比
（扫描封底二维码获取彩图）

层的厚度，从而减少了颗粒间的摩擦，进而降低屈服应力并提高 HPC 的流动性[8-11]。
这些矿物微粉包裹水泥颗粒，产生了隔离效应，阻碍了水泥水化产物的形成，从而
提高了坍落扩展度。此外，球形粉煤灰颗粒的润滑作用也进一步提高了坍落扩展度。
因此，AI 所提出的方法成功地制备出了坍落扩展度大于 650 mm 的 C60 HPC。

2）普通 HPC 设计

在大多数工程应用中，普通 HPC 即可满足要求。本节通过所提出的 AI 方法
设计出符合一般强度和流动性要求的 HPC。在此示例中，目标强度设定为大于
30 MPa，目标坍落扩展度设定为大于 550 mm。所设计的配合比如表 6.5 所示，传
统方法与 AI 方法设计的 HPC 混合物的比较如图 6.6 所示。传统设计的指标值依
据国际文献中具有类似性能的 HPC 数据集的平均值确定。

表 6.5　采用 AI 方法设计的普通 HPC

HPC 编号	C30SF550
水泥用量/(kg/m³)	156
水泥强度等级/MPa	42.5
粉煤灰用量/(kg/m³)	250
石灰石粉用量/(kg/m³)	0

续表

HPC 编号	C30SF550
W/B	0.40
砂用量/(kg/m³)	734
粗骨料用量/(kg/m³)	862
骨料最大粒径/mm	19
SP/B	0.011 5
坍落扩展度/mm	630
28 d 抗压强度/MPa	31.1

如图 6.6 所示，AI 方法可用于开发适用于一般工程应用的低碳、低成本 HPC。例如，在性能表现相同的情况下（坍落扩展度介于 550~650 mm，28 d 抗压强度介于 30~35 MPa），与传统设计相比，AI 设计的 HPC 隐含碳排放和隐含能量消耗分别减少了 27.9%和 25%。此外，所提出方法的 HPC 成本也降低了 11.8%，这对于工程应用和可持续发展具有重要意义。这一降低主要归因于用粉煤灰替代部分水泥，使得 C30SF550 的水泥使用量比传统设计减少了 30.2%。在这种设计情景下，AI 通过最小化水泥用量优化低碳 HPC 的设计，同时确保其性能符合要求。

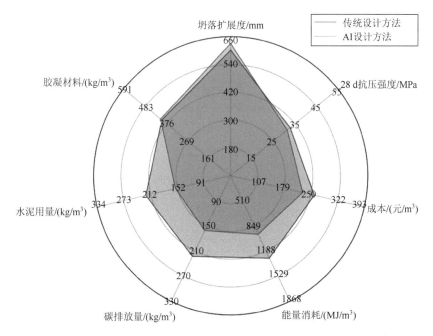

图 6.6 采用传统方法和 AI 方法设计的 C30 HPC（坍落扩展度：650~750 mm）对比
（扫描封底二维码获取彩图）

3）含石灰石粉的 HPC 设计

石灰石粉因其良好的可持续性和广泛的应用潜力[12]在本书的 AI 设计方法中得以考虑。已有多项研究讨论了石灰石粉在 HPC 中的应用。例如，Devi[7]分析了不同的 HPC 外加剂，提出石灰石粉可提高材料的流动性；Sua-Iam[12]则制备了符合欧洲 HPC 规范（EFNARC 2005）标准的含石灰石粉混凝土。在本示例中，设计目标为坍落扩展度超过 650 mm，28 d 抗压强度超过 40 MPa。设计了两种混合物，一种含有石灰石粉，另一种不含石灰石粉，配合比如表 6.6 所示。图 6.7 比较了传统方法与 AI 方法设计的 HPC 混合物。传统设计方法的指标值基于国际文献中具有类似性能的 HPC 数据集的平均值。

图 6.7 显示，无论是否掺入石灰石粉，都能在保证性能的同时实现成本和可持续性的提升。对于不含石灰石粉的 C40LP0，在性能（坍落扩展度和 28 d 抗压强度）相似的情况下，水泥使用量较传统设计方法减少了 45.8%，直接导致隐含碳排放减少了 43.8%，且成本降低了 21.6%。相较而言，掺入石灰石粉的 C40LP1 与传统设计相比，隐含碳排放进一步减少了 57.2%。然而，尽管 C40LP1 的成本低于传统设计的混凝土，但仍高于 C40LP0。综上所述，两种 HPC 混合物均在保证性能的同时实现了可持续性的提升。

表 6.6　通过所提出的 AI 方法设计的 HPC（掺与不掺石灰石粉）

HPC 编号	C40LP0	C40LP1
水泥用量/(kg/m³)	204	151
水泥强度等级/MPa	42.5	42.5
粉煤灰用量/(kg/m³)	234	100
石灰石粉用量/(kg/m³)	0	126
W/B	0.37	0.38
砂用量/(kg/m³)	936	903
粗骨料用量/(kg/m³)	855	887
骨料最大粒径/mm	19	19
SP/B	0.0119	0.0143
坍落扩展度/mm	650	675
28 d 抗压强度/MPa	43.0	43.4

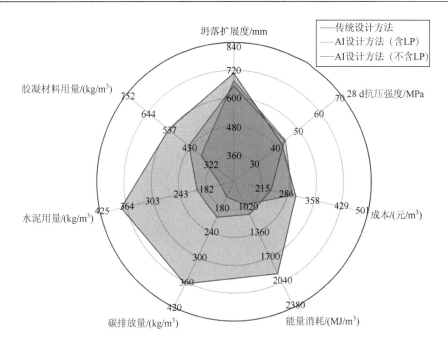

图 6.7　采用传统方法和 AI 方法设计的 HPC（C40，坍落扩展度：650～750 mm）对比
（扫描封底二维码获取彩图）

通过比较 C40LP0 和 C40LP1 的设计参数，可以分析这两种 HPC 在环境和经济效应方面的差异。表 6.6 显示，C40LP0 与 C40LP1 的主要区别在于 C40LP1 中水泥和粉煤灰用量大幅降低，且 SP/B 较高。C40LP1 通过掺入 126 kg/m³ 的石灰石粉，使水泥用量和总胶凝材料用量分别降低了 26% 和 14%，显著降低了 HPC 的隐含碳排放和隐含能量消耗。然而，与粉煤灰相比，石灰石粉的成本相对较高，因此 C40LP1 的生产成本略高于 C40LP0。

在强度方面，石灰石粉的掺入通过与水泥-粉煤灰体系反应形成稳定的硫铝酸盐，增加了水化产物体积[13]。这一效应降低了孔隙度并提高了强度，弥补了 C40LP1 中较低水泥用量可能带来的负面影响。此外，较高的 SP/B 有助于分散颗粒，确保了低水泥用量的 C40LP1 的流动性[14]。总之，这些因素共同造就了两种具有类似强度和流动性的 HPC，分别为含有石灰石粉的 C40LP1 和不含石灰石粉的 C40LP0，在环境和经济效应上有所不同。

6.3.2　低碳水泥基复合材料骨料级配参数智能优化

采用所提出的 AI 方法成功设计了低碳 HPC 配合比。需要特别强调的是，所有设计的 HPC 指标值均在一般条件下估算，尚未考虑骨料级配的影响。然而，骨料级配的优化有望增加颗粒体系的堆积密实度，从而提高水泥或胶凝材料的利用效率，并进一步改善 HPC 的性能[1]。

本节利用 CPM 预测骨料的堆积密实度，并将基于 Python 的 CPM 计算程序集成到 DE 框架中，以优化 HPC 的骨料级配，从而实现堆积密实度最大化的目标，如图 6.8 所示。

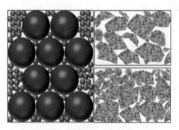

可压缩堆积模型预测堆积密实度　　　　　　　　　　差分进化算法优化骨料级配

图 6.8　HPC 骨料级配优化示意图

1. 目标函数

本节旨在确定 HPC 的骨料级配分布，以实现颗粒的最密堆积状态。为此，采用 DE 确定具有最高堆积密实度的最佳骨料级配。目标函数定义为骨料颗粒的堆积密实度。

堆积密实度的计算基于 CPM 模型。本节开发了一个基于 Python 的程序，用于自动计算堆积密实度。在运行程序之前，必须通过实验测定每种颗粒尺寸骨料的实测堆积密实度 (α_i)，并计算每种颗粒尺寸骨料的体积分数 (y_i)、特征粒径 (d_i)、剩余堆积密实度 (β_i)、松动效应系数 (a_{ij}) 和附壁效应系数 (b_{ij})，以便计算整个骨料颗粒体系的虚拟堆积密实度 (γ_i) 和实际堆积密实度 (α_t)。表 6.7 列出了各粒径的实测堆积密实度和剩余堆积密实度。

表 6.7　每种粒径骨料的实测堆积密实度和剩余堆积密实度

颗粒粒径/mm	0.15~0.3	0.3~0.6	0.6~1.18	1.18~2.36	2.36~4.75	4.75~9.5	9.5~16	16~19
d_i	0.21	0.42	0.84	1.67	3.35	6.72	12.33	17.4
α_i	0.510 6	0.544 7	0.572 1	0.568 1	0.599 4	0.544 6	0.573 8	0.582 3
β_i	0.635 1	0.677 6	0.711 6	0.706 7	0.745 6	0.677 4	0.713 8	0.724 3

2. 约束条件

骨料级配设计需满足多项约束条件，包括粗骨料用量、砂用量，以及《建筑用卵石、碎石》（GB/T 14685—2022）所规定的体积分数范围。这些限制确保了设计的合理性和可行性。

3. 低碳自密实混凝土骨料级配智能优化案例分析

以设计的 C40LP0 为例，其中砂用量为 936 kg/m³，粗骨料用量为 855 kg/m³。骨料级配设计过程中的迭代曲线如图 6.9 所示。表 6.8 详细列出了设计的骨料级配信息。经过 1000 次迭代，最佳适应度已趋于收敛，最终骨料颗粒的堆积密实度达到 0.7422，对于 C40LP0 而言，这是令人满意的结果。

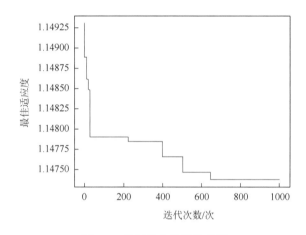

图 6.9　骨料优化的迭代曲线

表 6.8　骨料级配设计

骨料类型	砂					粗骨料		
粒径/mm	0.15～0.3	0.3～0.6	0.6～1.18	1.18～2.36	2.36～4.75	4.75～9.5	9.5～16	16～19
在骨料类型中占比	0.232 4	0.108 3	0.206 4	0.153 7	0.299 2	0.230 6	0.409 7	0.359 7
y_i	0.120 1	0.056 0	0.106 7	0.079 4	0.154 6	0.111 4	0.198 0	0.173 8
用量/(kg/m³)	218	101	193	144	280	197	350	308

为了评估所提出优化方法的效率，本章使用 Python 随机生成了 1000 组符合规范（GB 14685—2022）要求的骨料级配组合，并计算其堆积密实度，随后与设计值进行比较。结果如图 6.10 所示。可以观察到，设计的骨料级配的堆积密实度高于所有随机生成的骨料级配，其范围为 0.6723～0.7402。所提出的方法能够将骨料堆积密实度最高提高 10.40%，平均提高 3.30%。尽管骨料级配优化导致的堆积密实度变化相对不显著，但即使是轻微的变化也会显著影响 HPC 的性能。例如，

Ghoddousi[15]制备了具有不同堆积密实度的混凝土，发现堆积密实度提高 4.98%可将塑性黏度从 73.5 Pa·s 降至 29.2 Pa·s，而堆积密实度提高 2.20%可将屈服应力从72.4 Pa 降至 34.9 Pa。

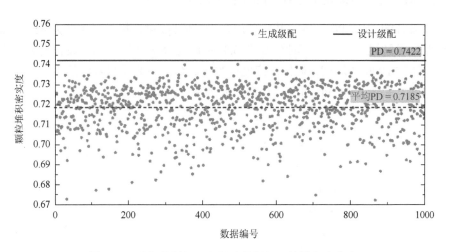

图 6.10　随机骨料级配和设计骨料级配的堆积密实度

通过优化骨料级配实现堆积密实度提高，与建筑行业的可持续性目标高度契合。提高骨料的堆积密实度可以减少混凝土混合物中的空隙。在堆积不佳的传统混凝土中，常需使用大量水泥填充这些空隙以确保足够的内聚力，但这并不会显著提升混凝土的性能。相反，级配良好的混合物通过改善堆积减少了空隙，从而降低了对水泥的需求，提高了水泥利用效率。由于水泥生产消耗大量能源且产生大量碳排放，减少水泥使用有助于降低碳足迹，符合可持续发展目标。此外，密实且级配良好的混凝土通常具备更佳的耐久性，延长使用寿命，减少维护需求，从而通过减少频繁的维修和更换，进一步促进长期的可持续性。

6.3.3　低碳水泥基复合材料智能化设计方法及经济环境效应分析

上述内容详细探讨了基于 ML 模型的低碳 HPC 设计方法及其应用示例，证明了该方法在特定情况下设计低碳 HPC 的可行性。本节从综合角度分析该设计方法的生态和经济效益。

为了评估该方法的生态和经济效应，设计了 28 d 抗压强度在 25～60 MPa 的 22 种HPC，并与文献中具有相似 28 d 抗压强度的 HPC 进行比较。使用 ISO 14040—2006的 LCA 方法评估了包括隐含碳排放和隐含能量消耗在内的生态指标。此外，根据我国原材料的市场价格计算了每种 HPC 的生产成本。结果如图 6.11 所示。

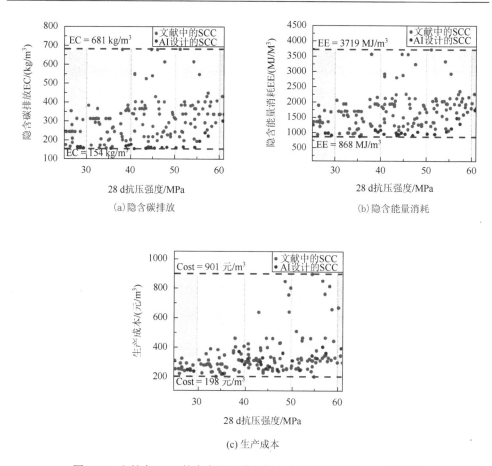

图 6.11　文献中 HPC 的生态和经济指标与本书中设计的 HPC 的比较

　　图 6.11 比较了 AI 方法设计的不同 HPC 与文献中提供的传统方法或其他可持续方法设计的 HPC 的生态和经济指标。正如图 6.11（a）和图 6.11（b）所示，AI 方法设计的 HPC 在可持续性方面表现出明显优势。对于 28 d 抗压强度在 25～60 MPa 的 HPC，AI 方法设计的混凝土的碳排放和能耗最低。例如，所设计的 HPC 的隐含碳排放和隐含能量消耗相对于传统方法分别减少了 76.1% 和 74.6%。值得注意的是，设计的 HPC 在 28 d 抗压强度介于 25～55 MPa 之间时的隐含碳排放相似，但强度大于 55 MPa 时显著增加。此外，图 6.11（c）显示，所设计的 HPC 生产成本低于传统方法设计的大多数混凝土，这归因于水泥使用量的减少。通过将总成本设置为目标函数，AI 程序可以进一步降低生产成本。

　　总体来看，图 6.11 表明，使用 AI 方法可以将 HPC 混合物的隐含碳排放和隐含能量消耗降低到可接受水平，特别是对于抗压强度低于 55 MPa 的混凝土，这种优化效果更为显著。这种降低归因于颗粒堆积密实度的最大化、胶凝材料体系的优化以及环保材料的选择。

此外,图 6.12 展示了由 AI 方法设计的 152 种不同应用需求的最佳 HPC 混合物的多维散点图。最佳混合物的 28 d 抗压强度、水泥用量、胶凝材料、二氧化碳排放和石灰石粉用量分别在[24 MPa,62 MPa]、[150 kg/m³,396 kg/m³]、[153 kg/m³,377 kg/m³]和[0 kg/m³,318 kg/m³]范围内。对于该 28 d 抗压强度范围,可以使用 0%~56.2%的石灰石粉掺量,添加石灰石粉显著降低了水泥用量和碳排放。

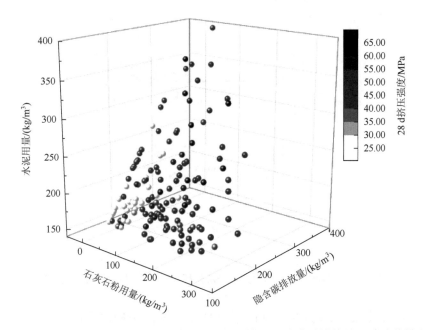

图 6.12　采用 AI 方法设计的 HPC 水泥用量-石灰石粉用量-隐含碳排放量-强度多维散点图

6.4　低碳高性能混凝土多性能协同智能设计

6.4.1　低碳高性能混凝土多目标优化效果

在确定了目标函数和约束条件之后,采用基于带精英策略的 NSGA-Ⅱ 的多目标优化框架对低碳 HPC 进行设计。该优化框架包括 1000 个个体,最多进行 3000 次迭代,设定变异概率为 0.4,交叉概率为 0.6。通过带精英策略的 NSGA-Ⅱ 算法执行全局优化,目标是最小化 HPC 的隐含碳排放并提高其耐久性。优化结果展示在图 6.13 中。

图 6.13（a）和（c）展示了两种不同强度等级（C40 和 C50）HPC 的多目标优化结果，其中坐标轴分别表示三个目标函数：HPC 的隐含碳排放、28 d RCP 和孔隙率。散点图中的点颜色代表孔隙率值，每个点代表帕累托最优解集。图中可见，通常隐含碳排放较低的 HPC 表现出相对较高的 RCP 和孔隙率，这暗示其耐久性较低。反之，随着隐含碳排放的增加，RCP 和孔隙率有所下降，表明在提升耐久性的同时牺牲了一定的可持续性。

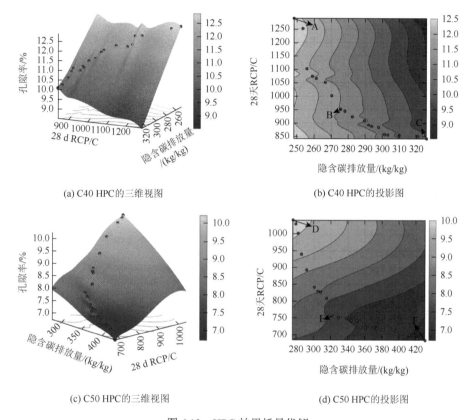

(a) C40 HPC的三维视图   (b) C40 HPC的投影图

(c) C50 HPC的三维视图   (d) C50 HPC的投影图

图 6.13   HPC 帕累托最优解

图 6.13（b）和（d）则展示了在隐含碳排放和 28 d RCP 轴上的 3D 图投影。例如，对于优化后的 C40 HPC，当隐含碳排放从约 250 kg/kg 增至 330 kg/kg 时，RCP 从约 1300 C 降至 850 C，孔隙率则从约 12.5%降至 10.0%。这些数据表明，随着强度的提升，优化后的 HPC 的隐含碳排放增加，其耐久性也得到了提升。对于 C50 HPC，当隐含碳排放从约 280 kg/kg 增至 430 kg/kg 时，RCP 从约 1050 C 降至 700 C，孔隙率从约 10.0%降至 7.0%。相较于 C40，C50 HPC 通常展示出更高的碳排放但更低的 28 d RCP 和孔隙率。

图 6.13 中的优化 HPC 混合物是在权衡三个目标之后确定的,没有单一的 HPC 混合物能同时实现最低的碳足迹和最高的耐久性。在实际工程应用中,需根据具体需求在耐久性和可持续性之间找到平衡。为便于比较,从优化后的 C40 和 C50 HPC 的帕累托前沿选择了六个样本点,其中点 A 和 D 代表优先考虑环境因素的设计,点 B 和 E 代表综合考虑碳排放和耐久性的最优设计,点 C 和 F 则代表优先考虑耐久性的设计。

表 6.9 展示了由点 A、B 和 C 代表的 C40 HPC 的具体配合比和相应性能,表 6.10 则显示了由点 D、E 和 F 代表的 C50 HPC 的配合比和性能。例如,在 C40 HPC 中,点 A 的碳排放比点 C 低 24%,而点 B 的碳排放量居中。与点 A 相比,点 C 的 28 d RCP 和孔隙率分别降低了 35% 和 20%,点 B 的数值则介于两者之间。

表 6.9 和表 6.10 中的 HPC 配合比和性能关系是合理的。例如,在 C50 HPC 中,点 D 通过大量使用粉煤灰代替水泥来降低隐含碳排放,但这可能会影响基质密度和耐久性。相反,点 F 通过使用大量高等级水泥、较低的 W/B 和较高的减水剂,增强基质的致密性和耐久性,尽管在可持续性方面面临挑战。点 E 在耐久性和可持续性之间达到了平衡。

表 6.9　代表 C40 HPC 帕累托前沿的 HPC 配合比

变量	A	B	C
水泥用量/(kg/m³)	252	281	338
水泥强度等级/MPa	42.5	42.5	52.5
粉煤灰用量/(kg/m³)	69	108	0
石灰石粉用量/(kg/m³)	102	53	0
硅灰用量/(kg/m³)	36	73	65
W/B	0.41	0.36	0.35
砂用量/(kg/m³)	884	891	892
粗骨料用量/(kg/m³)	801	764	807
骨料最大粒径/mm	16	16	19
SP/B	0.019 4	0.016 4	0.027 0
隐含碳排放/(kg/kg)	248	275	326
生产成本/(元/kg)	393	429	417
28 d RCP/C	128 9	951	841
孔隙率/%	12.7	11.5	10.1
吸水性/(mm/min^{1/2})	0.096	0.109	0.102
坍落扩展度/mm	695	720	655
屈服应力/Pa	57.8	46.6	83.3
28 d 抗压强度/MPa	48.4	48.6	49.8

表 6.10　代表 C50 HPC 帕累托前沿的 HPC 配合比

变量	D	E	F
水泥用量/(kg/m³)	280	335	447
水泥强度等级/MPa	52.5	52.5	52.5
粉煤灰用量/(kg/m³)	196	40	30
石灰石粉用量/(kg/m³)	23	0	0
硅灰用量/(kg/m³)	45	38	42
W/B	0.35	0.38	0.31
砂用量/(kg/m³)	856	898	906
粗骨料用量/(kg/m³)	749	755	785
骨料最大粒径/mm	16	16	16
SP/B	0.017 1	0.023 6	0.039 8
隐含碳排放/(kg/kg)	276	322	431
生产成本/(元/kg)	386	375	499
28 d RCP/C	104 2	756	682
孔隙率/%	10.2	7.9	6.7
吸水性/(mm/min^(1/2))	0.085	0.119	0.096
坍落扩展度/mm	710	650	675
屈服应力/Pa	48.7	62.3	53.1
28 d 抗压强度/MPa	54.1	52.0	58.1

此外，HPC 的其他性能如屈服应力也表现出合理性。例如，在 C40 HPC 中，点 C 因具有相对较低的石灰石粉、粉煤灰和总胶凝材料用量，以及较低的砂率和较高的最大粒径，因而展现出最高的屈服应力。相比之下，A 点和 B 点的屈服应力显著较低，原因如下：通过使用细小的石灰石粉或粉煤灰颗粒替代水泥，可以减少颗粒间的摩擦，增强流动性并降低屈服应力[11, 14]；A 点和 B 点中使用的矿物微粉能够包裹水泥颗粒，形成隔离层，延缓水泥水化产物的积累，进而降低屈服应力[14]；较高的总胶凝材料用量通过减少骨料间的直接接触，进一步降低 HPC 的屈服应力[14]；较高的砂用量因减少粗骨料间的摩擦和互锁，同样有助于降低屈服应力[14, 16]；HPC 体系由砂浆和粗骨料组成，随着粗骨料或最大粒径的减少，相邻粗骨料之间的砂浆厚度增加[14, 17]，降低了屈服应力。

流变参数，尤其是屈服应力，显著影响 HPC 的坍落扩展度。随着屈服应力的增加，需要更大的剪切应力来促使流动，导致坍落扩展度降低[14, 18]。这解释了为什么点 C 的坍落扩展度最低，点 A 次之，而点 B 的坍落扩展度最高。

6.4.2 低碳高性能混凝土多性能协同设计结果分析

图 6.14 展示了利用所提出的 AI 方法设计的 HPC 的性能比较。一方面 K 可以明显看出，点 A 和 D 在碳排放方面具有显著优势，而 C 和 F 则表现出优越的耐久性。另一方面，B 和 E 在多个评价标准上表现优异，体现了最佳的综合性能。值得注意的是，在 C50 HPC 的案例中，E 的成本显著低于 D 和 F，说明如果将生产成本作为目标函数，存在进一步降低成本的潜力。

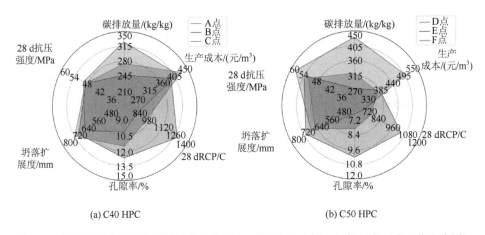

图 6.14　使用所提出多性能设计方法设计的 HPC 混合物比较（扫描封底二维码获取彩图）

为评估所提出优化方法的有效性，将平衡点 B（C40）和 E（C50）的优化值与数据集中的相应样本值进行了比较。比较结果展示在图 6.15、表 6.11 和表 6.12 中。

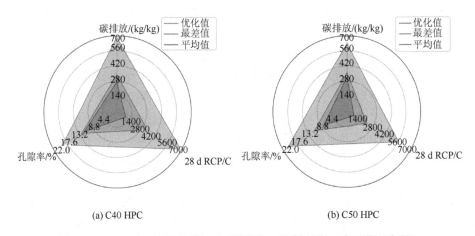

图 6.15　HPC 混合物优化值与最差值比较（扫描封底二维码获取彩图）

混凝土中碳排放的主要来源是水泥。表 6.11 和表 6.12 显示，优化的 C40 和 C50 HPC 混合物（分别为 B 和 E）通过减少水泥用量（分别为 281 kg/m³ 和 335 kg/m³），实现了碳排放的减少（分别为 275 kg/m³ 和 322 kg/m³）。这种水泥用量的减少通过优化配合比实现，例如增加矿物掺合料替代水泥的比例。与传统设计方法相比（数据库中 C40 和 C50 HPC 的平均碳排放分别为 339 kg/m³ 和 358 kg/m³），碳排放分别减少了 18.9% 和 10.1%。

表 6.11　C40 HPC 三个目标的优化效果

优化目标	优化值	样本最大值	样本平均值	优化效率	
				最大值	平均值
隐含碳排放	275	686	339	59.9%	18.9%
28 d RCP	951	6900	3316	86.2%	71.3%
孔隙率	11.5	19.0	12.4	39.5%	7.3%

表 6.12　C50 HPC 三个目标的优化效果

优化目标	优化值	样本最大值	样本平均值	优化效率	
				最大值	平均值
隐含碳排放	322	630	358	48.9%	10.1%
28 d RCP	756	5635	2155	86.6%	64.9%
孔隙率	7.9	20.1	11.1	60.7%	28.8%

关于 28 d RCP，优化后的 C40 HPC 为 951 C，而数据库中样本最大值和平均值分别为 6900 C 和 3316 C。优化的 HPC 相较于样本最大值显著降低了 86.2%，相较于样本平均值降低了 71.3%。此外，优化后的 C50 HPC 为 756 C，而其样本最大值和平均值分别为 5635 C 和 2155 C。优化结果显示相较于样本最大值减少了 86.6%，相较于样本平均值减少了 64.9%。

在孔隙率方面，数据库中 C40 HPC 的样本最大值和平均值分别为 19.0% 和 12.4%。点 B 的优化孔隙率为 11.5%，相较于样本最大值降低了 39.5%，相较于样本平均值降低了 7.3%。此外，数据库中 C50 HPC 的样本最大值和平均值分别为 20.1% 和 11.1%。点 E 的优化孔隙率为 7.9%，相较于样本最大值降低了 60.7%，相较于样本平均值降低了 28.8%。

本节所提出的方法通过多种途径显著增强了混凝土的可持续性。首先，该框架通过综合考虑多项性能标准，确保了混凝土的多种性能，有利于延长使用寿命和减少维护需求，间接降低碳排放；其次，优化过程尽可能使用了环保材料替代水泥，直接降低碳排放。

6.4.3　低碳高性能混凝土优化方法对比

本节所提出的优化设计方法致力于同时优化 HPC 的碳排放、28 d RCP 和孔隙率。为评估多目标优化的效果，本节检验了不同的优化场景，包括单目标、双目标和三目标优化，并对比了各自的优化结果。优化方案的效果评估基于综合优化百分比，此指标综合了隐含碳排放、28 d RCP 和孔隙率的改进程度。为确保不同目标间的可比性，对目标数据进行了归一化处理，适应它们不同的单位和尺度，确保所有数据均落在 0～1 的范围内，便于进行有意义的比较。

归一化综合优化效率的计算按以下步骤进行：首先，使用公式（6.13）对数据库中的所有数据进行标准化；其次，计算每个优化方案中每个目标的归一化优化效率，该效率值通过将归一化目标值除以归一化平均值得到；最后，每个优化方案中各目标的归一化优化效率的平均值即为归一化综合优化效率。比较结果展示在表 6.13 和表 6.14 中。

值得注意的是，本节引入了一种多目标协同设计方法，涵盖 13 个性能标准，包括前述的 10 个 HPC 性能、隐含碳排放、能耗和生产成本。这些标准可以根据具体的工程需求灵活组合，作为目标函数或约束条件使用。

$$x_{\text{norm}} = \frac{x - x_{\min}}{x_{\max} - x_{\min}} \tag{6.13}$$

式中，x_{norm} 代表 x 的归一化值；x 代表目标数据原始值；$x_{\min}$ 代表目标的最小值；$x_{\max}$ 代表目标的最大值。

表 6.13 展示了使用所提出方法设计 C40 HPC 的不同目标函数的优化结果。可以观察到，无论是单目标优化还是多目标优化，都优于数据库中同强度级别 HPC 的平均值。在这七种优化方案中，综合优化效率从 32.7%～39.6% 不等。值得注意的是，三目标优化方案通过平衡各种性能指标，确保了全局最优，实现了最高的综化效率。然而，它可能不会为特定的单一指标产生最大的优化效率。相反，单目标优化虽然在综合效果上不显著，但能够将特定性能指标优化到最佳水平。例如，在单目标优化中以隐含碳排放为目标函数时，得到的 HPC 的隐含碳排放仅为 151 kg/kg，比数据库中 C40 HPC 的平均值降低了 55.5%，在所有优化方案中表现最佳。然而，这种 HPC 的耐久性指标，特别是孔隙率（13.5%），并没有改善，甚至低于平均值。因此，综合优化效果仅为 32.7%，在所有优化方案中最低。

表 6.13　C40 HPC 在不同方案中的优化效率

优化目标		优化结果			优化率			综合优化率/%	综合优化率（标准化）/%
		E_{CO_2}/(kg/kg)	RCP	孔隙率/%	E_{CO_2}/%	RCP/%	孔隙率/%		
单目标优化	E_{CO_2}	151	2 666	13.5	55.5	19.6	−8.9	22.1	32.7
	RCP	315	882	10.8	7.1	73.4	12.9	31.1	35.8
	孔隙率	341	1 095	9.7	−0.6	67.0	21.8	29.4	36.0
双目标优化	E_{CO_2} 和 RCP	259	1 038	11.9	23.6	68.7	4.0	32.1	39.1
	E_{CO_2} 和孔隙率	276	1 351	10.5	18.6	59.3	15.3	31.1	38.6
	RCP 和孔隙率	331	985	10.1	2.4	70.3	18.5	30.4	34.3
三目标优化	E_{CO_2}、RCP 和孔隙率	275	951	11.5	18.9	71.3	7.3	32.5	39.6
数据库平均值		339	3 316	12.4	—	—	—	—	—

　　C50 HPC 的不同优化方案也观察到了类似的趋势，如表 6.14 所示。值得注意的是，本节引入了一种多目标协同设计方法，涵盖 13 个性能标准，包括前述的 10 个 HPC 性能、隐含碳排放、能耗和生产成本。这些标准可以根据具体的工程需求灵活组合，作为目标函数或约束条件使用。有趣的是，虽然 C50 HPC 通常比 C40 HPC 具有更高的碳排放，但针对隐含碳排放的单目标优化可以将 C50 HPC 的碳排放降低到与 C40 HPC 相当的水平，这是通过多目标优化无法实现的。此外，无论是优化值还是样本平均值，C50 HPC 通常比 C40 HPC 具有更低的 28 d RCP 和孔隙率，这归因于更高强度 HPC 通常具有更致密的微观结构，导致孔隙率和 RCP 降低。在实际工程中，应根据具体场景需求选择适当的优化目标。

表 6.14　C50 HPC 在不同方案中的优化效率

优化目标		优化结果			优化率			综合优化率	综合优化率（标准化）
		E_{CO_2}	RCP	孔隙率	E_{CO_2}	RCP	孔隙率		
单目标优化	E_{CO_2}	154	1718	13.8	57.0%	20.3%	−24.3%	17.6%	29.1%
	RCP	360	603	8.9	−0.6%	72.0%	19.8%	30.4%	34.9%
	孔隙率	328	966	7.1	8.4%	55.2%	36.0%	33.2%	41.0%

续表

优化目标		优化结果			优化率			综合优化率	综合优化率（标准化）
		E_{CO_2}	RCP	孔隙率	E_{CO_2}	RCP	孔隙率		
单目标优化	E_{CO_2} 和 RCP	256	893	9.5	28.5%	58.6%	14.4%	33.8%	41.1%
双目标优化	E_{CO_2} 和孔隙率	227	1 248	8.6	36.6%	42.1%	22.5%	33.7%	41.2%
	RCP 和孔隙率	345	721	7.6	3.6%	66.5%	31.5%	33.9%	40.5%
三目标优化	E_{CO_2}、RCP 和孔隙率	322	756	7.9	10.1%	64.9%	28.8%	34.6%	42.3%
数据库平均值	—	358	2 155	11.1	—	—	—	—	—

6.5　水泥基复合材料设计方法实验验证

本节通过一系列方法从多个角度综合验证了所提出模型的预测和设计能力，验证方法包括文献数据验证、工程数据验证、实验验证和对模型结果的合理性评估。首先，利用文献数据对模型进行验证，文献数据来源广、数据量大，能够有效测试模型在面对不同原材料来源和实验环境下的泛化能力；其次，利用实际工程中的数据对模型进行验证，测试模型在工程应用场景下的适用性；最后，进行部分实验对模型进行进一步补充验证。

1. 文献数据验证

本节从文献中获取了 50 组数据，对模型进行了验证，值得注意的是，用于验证模型的数据均未参与模型训练。表 6.15 展示了文献数据的部分验证结果，所验证样本的配合比参数可从相应的参考文献中获取。表 6.16 汇总了所有验证的相对误差，对于工作、力学、耐久性能的预测，验证平均相对误差均在 4.0%～16.9%，说明模型具有良好的泛化能力。

表 6.15　文献数据的部分验证结果

编号	实验值	预测值	相对误差
1[19]	V 型漏斗时间：14.7 s 坍落扩展度：675 mm	V 型漏斗时间：12.5 s 坍落扩展度：655 mm	V 型漏斗时间：15% 坍落扩展度：3%

续表

编号	实验值	预测值	相对误差
2[19]	V 型漏斗时间：15.1 s 坍落扩展度：685 mm	V 型漏斗时间：14.2 s 坍落扩展度：655 mm	V 型漏斗时间：6% 坍落扩展度：4%
3[19]	V 型漏斗时间：13.9 s 28 d 抗压强度：48.2 MPa	V 型漏斗时间：16.1 s 28 d 抗压强度：43.2 MPa	V 型漏斗时间：16% 28 d 抗压强度：10%
4[19]	28 d 抗压强度：50.9 MPa 坍落扩展度：750 mm	28 d 抗压强度：46.3 MPa 坍落扩展度：715 mm	28 d 抗压强度：9% 坍落扩展度：5%
5[19]	V 型漏斗时间：13.0 s 28 d 抗压强度：45.5 MPa	V 型漏斗时间：15.2 s 28 d 抗压强度：42.1 MPa	V 型漏斗时间：17% 28 d 抗压强度：7%
6[19]	V 型漏斗时间：13.3 s 28 d 抗压强度：45.3 MPa	V 型漏斗时间：12.6 s 28 d 抗压强度：42.3 MPa	V 型漏斗时间：5% 28 d 抗压强度：7%
7[20]	吸水性：0.147 mm/min$^{1/2}$ 坍落扩展度：750 mm	吸水性：0.141 mm/min$^{1/2}$ 坍落扩展度：735 mm	吸水性：4% 坍落扩展度：2%
8[20]	吸水性：0.136 mm/min$^{1/2}$ 坍落扩展度：740 mm	吸水性：0.142 mm/min$^{1/2}$ 坍落扩展度：700 mm	吸水性：4% 坍落扩展度：5%
9[20]	吸水性：0.124 mm/min$^{1/2}$ 坍落扩展度：745 mm	吸水性：0.134 mm/min$^{1/2}$ 坍落扩展度：705 mm	吸水性：8% 坍落扩展度：5%
10[20]	吸水性：0.098 mm/min$^{1/2}$ V 型漏斗时间：3.1 s	吸水性：0.094 mm/min$^{1/2}$ V 型漏斗时间：4.1 s	吸水性：4% V 型漏斗时间：32%
11[20]	吸水性：0.070 mm/min$^{1/2}$ V 型漏斗时间：4.7 s	吸水性：0.079 mm/min$^{1/2}$ V 型漏斗时间：5.8 s	吸水性：13% V 型漏斗时间：23%
12[21]	坍落扩展度：650 mm L 型仪比值：0.89	坍落扩展度：675 mm L 型仪比值：0.91	坍落扩展度：4% L 型仪比值：2%
13[21]	坍落扩展度：690 mm L 型仪比值：0.74	坍落扩展度：725 mm L 型仪比值：0.71	坍落扩展度：5% L 型仪比值：4%
14[22]	孔隙率：9.9% 吸水性：1.81 mm/min$^{1/2}$ 28 d RCP：450 C	孔隙率：10.6% 吸水性：1.92 mm/min$^{1/2}$ 28 d RCP：411 C	孔隙率：7% 吸水性：6% 28 d RCP：9%
15[22]	孔隙率：2.75% 28 d RCP：590 C	孔隙率：3.02% 28 d RCP：650 C	孔隙率：10% 28 d RCP：10%
16[23]	离析率：2.41% 28 d 抗压强度：51.3 MPa	离析率：2.04% 28 d 抗压强度：44.8 MPa	离析率：15% 28 d 抗压强度：13%
17[23]	离析率：5.90% 28 d 抗压强度：67.4 MPa	离析率：5.12% 28 d 抗压强度：59.4 MPa	离析率：13% 28 d 抗压强度：12%
18[24]	离析率：10.0% 28 d 抗压强度：58.5 MPa	离析率：8.9% 28 d 抗压强度：60.9 MPa	离析率：11% 28 d 抗压强度：4%
19[24]	离析率：5.0% 28 d 抗压强度：57.5 MPa	离析率：5.8% 28 d 抗压强度：51.9 MPa	离析率：16% 28 d 抗压强度：10%
20[24]	离析率：19.5% 28 d 抗压强度：52.5 MPa	离析率：23.2% 28 d 抗压强度：45.8 MPa	离析率：19% 28 d 抗压强度：13%

表 6.16　验证结果汇总

评估性能	平均相对误差
坍落扩展度	4.5%
V 型漏斗时间	16.9%
L 型仪比值	4.0%
离析率	14.8%
28 d 抗压强度	8.7%
28 d RCP	9.1%
孔隙率	8.9%
吸水性	6.5%

2. 工程数据验证

为了验证所提出模型在工程实际中的应用效果，本节利用黄茅海通道、广中江高速、中开高速等实际工程中应用的 HPC 数据，以及混凝土生产企业所提供的相关数据对模型进行了进一步验证，为了保护所涉及单位的知识产权，本节不对具体配合比进行展示，仅展示性能指标的验证结果，如表 6.17 所示。对于坍落扩展度，相对误差范围在 1%～9% 波动，平均相对误差为 5.6%；对于 28 d 抗压强度，相对误差范围在 4%～14% 波动，平均相对误差为 10.3%。与文献数据相比，预测误差有所提高，尤其是对于坍落扩展度的预测，平均相对误差提高了 24%，主要是由于实验室的混凝土制备环境相对稳定，而实际工程中的制备环境差异较大，会带来更多的不确定性因素，使模型误差提高。尽管如此，工程数据的验证结果总体上仍然较低，说明模型具备足够的泛化能力，从而用于辅助指导实际工程 HPC 材料的设计。未来进一步的研究可将制备环境因素考虑到模型中，有望进一步提升模型在不同地区、气候、季节等场景下应用的精度和泛化能力。

表 6.17　工程数据验证结果

编号	实验值	预测值	相对误差
1	坍落扩展度：585 mm 28 d 抗压强度：53.4 MPa	坍落扩展度：615 mm 28 d 抗压强度：55.8 MPa	坍落扩展度：5% 28 d 抗压强度：4%
2	坍落扩展度：625 mm 28 d 抗压强度：53.8 MPa	坍落扩展度：600 mm 28 d 抗压强度：47.1 MPa	坍落扩展度：4% 28 d 抗压强度：12%
3	坍落扩展度：685 mm 28 d 抗压强度：66.3 MPa	坍落扩展度：635 mm 28 d 抗压强度：58.9 MPa	坍落扩展度：7% 28 d 抗压强度：11%
4	坍落扩展度：715 mm 28 d 抗压强度：58.2 MPa	坍落扩展度：665 mm 28 d 抗压强度：51.7 MPa	坍落扩展度：7% 28 d 抗压强度：11%

编号	实验值	预测值	相对误差
5	坍落扩展度：720 mm 28 d 抗压强度：48.2 MPa	坍落扩展度：675 mm 28 d 抗压强度：52.3 MPa	坍落扩展度：6% 28 d 抗压强度：9%
6	坍落扩展度：560 mm 28 d 抗压强度：58.4 MPa	坍落扩展度：595 mm 28 d 抗压强度：63.4 MPa	坍落扩展度：6% 28 d 抗压强度：9%
7	坍落扩展度：540 mm 28 d 抗压强度：44.5 MPa	坍落扩展度：590 mm 28 d 抗压强度：38.2 MPa	坍落扩展度：9% 28 d 抗压强度：14%
8	坍落扩展度：550 mm 28 d 抗压强度：44.1 MPa	坍落扩展度：555 mm 28 d 抗压强度：39.4 MPa	坍落扩展度：1% 28 d 抗压强度：11%
9	坍落扩展度：740 mm 28 d 抗压强度：46.8 MPa	坍落扩展度：710 mm 28 d 抗压强度：40.3 MPa	坍落扩展度：4% 28 d 抗压强度：14%
10	坍落扩展度：660 mm 28 d 抗压强度：40.4 MPa	坍落扩展度：615 mm 28 d 抗压强度：43.8 MPa	坍落扩展度：7% 28 d 抗压强度：8%

3. 实验验证

本节对模型的预测能力和设计能力分别进行了实验验证。首先对模型的预测能力进行了实验验证，选取了三种不同强度等级（C45、C50、C55）的 HPC 进行测试和预测。为了检验模型的泛化能力，这些配合比在现有数据集中未曾出现，旨在探究模型在缺少对应训练数据的情况下对 HPC 性能的预测能力。

实验遵循相关行业标准进行，重点评估了 28 d 抗压强度和坍落扩展度等关键性能。具体实验步骤如下：首先，将一半的胶凝材料和骨料加入 SJD-100 型强制式混凝土双轴搅拌机，以 47 r/min 速度搅拌 1 min；其次，加入一半的水和减水剂，继续搅拌 2 min；接着加入剩余的胶凝材料和骨料，搅拌 1 min；最后，加入剩余的水，搅拌 2 min。混合完毕后，立即进行坍落扩展度测试，并将混合物倒入立方体模具中，脱模后在温度为（20±2）℃，湿度高于 95% 的环境中养护 28 d，最后进行抗压强度测试。部分实验流程示意如图 6.16 所示。

坍落扩展度测试中，将混合样品倒入锥形容器后提起容器，使混凝土自由流动至停止，随后测量两个垂直直径的平均值。所有程序均严格按照 JGJ/T 283—2012 执行。

样本的抗压强度通过使用 200 吨电液伺服压试验机测定，立方体试件尺寸为100 mm×100 mm×100 mm，加载速率设定为 0.5 MPa/s，实验仪器自动记录载荷与位移数据。实验参数遵循《混凝土物理力学性能试验方法标准》（GB/T 50081—2019）规定。

图 6.16　实验过程示意图

　　预测与实验结果如表 6.18 所示，28 d 抗压强度预测的相对误差为 0.6%～13.5%，坍落扩展度的相对误差为 2.8%～5.4%，误差均在可接受范围内。总体而言，本次验证实验展示了所提出模型在 HPC 预测方面的准确性与有效性。

　　为进一步验证所提出方法的设计能力，利用设计方法设计了四种低碳 HPC 样本，并对坍落扩展度及 28 d 抗压强度进行实验验证，实验结果展示在表 6.19 中，所有样本均符合设计规格，证实了模型的合理性与可行性。

表 6.18　预测与验证实验结果

变量	C45	C50	C55
水泥用量/(kg/m³)	270	390	330
水泥强度等级/MPa	42.5	42.5	42.5
粉煤灰用量/(kg/m³)	70	55	50
石灰石粉用量/(kg/m³)	60	0	70
W/B	0.39	0.38	0.33
砂用量/(kg/m³)	850	850	799
粗骨料用量/(kg/m³)	933	890	938
骨料最大粒径/mm	20	16	20

变量	C45	C50	C55
SP/B	0.030	0.021	0.029
28 d 抗压强度实验值/MPa	47.4	53.2	57.8
28 d 抗压强度预测值/MPa	47.7	56.8	50.0
28 d 抗压强度预测误差/%	0.6	6.8	13.5
坍落扩展度实验值/mm	705	665	650
坍落扩展度预测值/mm	685	685	685
坍落扩展度预测误差/%	2.8	3.0	5.4

表 6.19　设计值与实验值的对比

编号	坍落扩展度 设计值/mm	坍落扩展度 实验值/mm	28 d 抗压强度 设计值/MPa	28 d 抗压强度 实验值/MPa
C60SF650	>650	705	>60.0	63.1
C30SF550	>550	595	>30.0	35.7
C40LP0	>650	655	>40.0	41.5
C40LP1	>650	665	>40.0	40.4

6.6　水泥基复合材料设计方案解释分析

6.6.1　基于 PDP 算法的水泥基复合材料设计方案可解释分析

本节提出的模型和方法能够有效预测 HPC 的性能，并实现多目标设计。然而，为了增强工程师对这些模型和方法的信心，解释 ML 模型的过程至关重要。PDP 在提升 ML 模型可解释性方面起着关键作用，因此，本节采用 PDP 深入分析特定特征对预测结果的影响，阐明个别变量对 HPC 性能的影响[14]。

图 6.17 以 28 d RCP 为例，展示了 HPC 设计结果对耐久性参数的解释分析。通常情况下，随着水泥强度等级、硅灰用量、偏高岭土用量、砂用量和 SP/B 的增加，28 d RCP 会降低，这表明耐久性得到了提高；相反，随着引气剂、W/B 和骨料最大粒径的增加，28 d RCP 则会上升，表明耐久性降低。

胶凝体系对 HPC 的耐久性具有显著影响。高强度等级水泥由于杂质少、颗粒细，能够形成密实且难以渗透的混凝土基体，从而减少氯离子和其他有害物质的渗透，提高耐久性并降低 28 d RCP[25]。HPC 的胶凝体系通常包括硅灰和偏高岭土等矿物添加剂，以确保工作性并减少碳排放。硅灰和偏高岭土含有无定形硅，能与氢氧化钙进行火山灰反应，生成更多的胶凝凝胶，使微观结构更加致密，减少

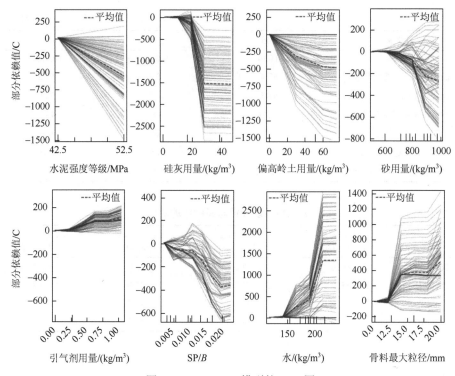

图 6.17　28 d RCP 模型的 PDP 图

孔隙连通性。此外，硅灰或偏高岭土的添加可细化 HPC 的孔结构，改善孔径分布的均匀性，从而提高耐久性并降低 28 d RCP[26-28]。

此外，HPC 的耐久性也受到粗骨料和细骨料的影响。在 HPC 体系中，砂浆用于填充粗骨料之间的空隙。随着砂用量的增加，更多的砂浆填补了这些空隙[16]，使混凝土基体更加致密，从而降低了 28 d RCP。反之，骨料最大粒径的增大会导致混凝土混合物的孔隙率上升，形成更多氯离子和其他有害物质的渗透通道，进而提高 28 d RCP，降低耐久性[29]。

特定的外加剂如 SP 和引气剂对 HPC 的耐久性也有不同影响。SP 的使用减少了达到特定工作性所需的水用量，从而降低了 W/B。较低的水用量降低了混凝土的孔隙率和孔隙连通性，使氯离子和其他有害物质更难渗透。因此，混凝土的强度和耐久性得到提升，导致 28 d RCP 降低[30]。而引气剂增加的空气孔隙则提高了混凝土的渗透性，为氯离子和其他侵蚀性物质提供了渗透混凝土的通道，从而增加了 28 d RCP 值和降低了耐久性[31]。

总体而言，上述因素共同作用于混凝土的微观结构和孔隙特性，进而影响其渗透性和耐久性，这在 28 d RCP 值中得到体现。通过利用图 6.17，可以进一步阐述所设计的 HPC 混合物。例如，表 6.9 中的点 C 在三种设计的 C40 HPC 混合物中的 28 d RCP 值是最低的。这种优越的耐久性是通过使用更高等级的水泥、较高的硅灰用量、较高的砂用量和较高的 SP/B 以及较低的 W/B 实现的。然而，值得注意的是，虽然降低骨料粒径有利于降低 RCP，但表 6.9 中的点 C 的骨料粒径并未低于表 6.9 中的点 A 和点 B 的值。这反映了为达到其他期望指标（如提高屈服应力或节省水泥）而进行的权衡。设计结果的解释提供了有价值的见解，有助于在特定工程需求下平衡和优化各种因素以提升 HPC 的性能。

6.6.2　基于知识图谱的水泥基复合材料设计方案解释分析

基于 PDP 的方法虽然能在一定程度上对设计结果进行合理解释，但 PDP 算法本质上仍然属于基于数理统计的方法，可能会存在偏离自然科学的情况。本节提出一种基于知识图谱的解释方法，利用科学知识，对设计结果进行解释。在水泥基复合材料的设计过程中，通过有效的路径算法，结合路径的解释机制和知识图谱的动态更新，可以实现更科学的设计决策和更高效的材料开发。使用知识图谱能对水泥基复合材料设计方案进行解释分析，并为材料选择、配比优化和性能预测提供支持。

1. 图路径算法

要将知识图谱运用在水泥基复合材料设计方案中，首先需要了解图路径算法。知识图谱的图路径算法是一种用于分析和挖掘图结构中节点间关系的重要工具。通过识别和计算节点之间的路径，这些算法可以揭示潜在的关系、相互作用和模式。在材料科学，尤其是在水泥基复合材料的设计和优化中，图路径算法发挥着重要作用。以下将详细介绍图路径算法的基本概念、主要类型和应用。

1）基本概念

在知识图谱中，数据以图的形式存储，节点代表实体（如材料成分、属性等），边代表实体之间的关系（如"影响""组成"等）。图路径则是由一系列连接的节点和边组成的序列，表示从一个实体到另一个实体的关系链。

路径定义：路径由节点和边构成，表示从源节点到目标节点的连接。路径可以是简单路径（没有重复节点）或复杂路径（可能包含重复节点）。

路径长度：路径的长度是指路径中边的数量，通常用于衡量从一个节点到另一个节点的直接性。

路径权重：在某些情况下，边可以赋予不同的权重，表示不同关系的重要性或强度。路径的总体权重可以通过边的权重进行计算，以反映从源节点到目标节点的综合影响。例如，根据已有的数据对路径进行赋予权重，可以计算出某一品种的掺和料对混凝土抗压性能、流动性能、抗弯性能的影响。

2）图路径算法的主要类型和应用

图路径算法有多种类型，根据其功能和目标不同，可以分为以下几类。

（1）最短路径算法。最短路径算法用于寻找从一个节点到另一个节点的最短路径，通常是通过最少的边或最小的权重来定义。可以使用最短路径算法来寻找材料等节点到所需性能的最短路径，并根据路径调整已有的方案。

（2）多路径搜索算法。多路径搜索算法用于在图中查找从一个节点到另一个节点的所有可能路径，这在探索多种影响因素时尤其有用。利用该算法可以罗列出某一材料到所需性能的所有路径，在研究的过程给予研究人员一定的启发。

（3）路径过滤与选择算法。路径过滤与选择算法是一类用于从图结构（如知识图谱）的大量潜在路径中识别、筛选出最相关或最重要路径的算法。这些算法的主要目的是从图中提取对特定任务有意义的路径，并去除冗余、不相关或无效的路径。路径过滤与选择算法广泛应用于知识图谱、网络分析、推荐系统等领域，特别是在处理复杂数据时，帮助提升分析效率和结果的准确性。

2. 基于路径的解释

基于路径的解释是在图路径算法的基础上，通过分析图谱确定的路径中涉及的特征和关系，为设计方案提供解释。这种解释不仅有助于理解材料性能的形成机制，还能提升设计方案的透明度和可信度。通过展示路径中的关键节点和关系，研究人员能够直观地理解设计方案的合理性。例如，某条路径可能显示出"水泥粒径"通过"影响水化速率"进而影响"抗压强度"的机制。

基于路径的解释还可以用于重要性分析，帮助识别哪些特征对性能影响最大。这对于后续的实验设计和参数优化具有重要意义。例如，如果路径分析发现"掺合料种类"对"抗裂性能"的影响显著，设计人员可以优先考虑对该特征的优化。

在目前水泥基复合材料的知识图谱的研究中，使用知识图谱对水泥基复合材料设计方案进行解释分析，需要先使用图路径算法对已有图谱中相关的节点和关系进行筛选，随后由相关专业的专家对路径中的节点和边进行一定的辅助机理解释。

6.7 本 章 小 结

本章提出了两种低碳混凝土智能化设计方法。首先基于构建的混凝土性能预测模型，构建了基于 ML 模型的低碳混凝土设计方法，实现了数据驱动的低碳混凝土配合比和骨料级配优化；在此基础上，综合考量环境影响及具体工程需求，结合带精英策略的 NSGA-Ⅱ多目标优化算法，提出了低碳 HPC 多性能协同设计方法，实现了低碳混凝土材料碳排放、流变、工作、力学及耐久性能平衡设计。本章主要研究结果总结如下。

（1）基于 ML 模型的低碳水泥基复合材料设计方法能够高效设计出低隐含碳排放、低隐含能量消耗及低生产成本的 HPC 配合比。与传统方法相比，所设计的 HPC 的隐含碳排放可减少 57.2%。此外，所提出的 AI 方法设计的骨料级配可使堆积密实度提高 10.40%，堆积密实度的提高有助于提升胶凝材料的使用效率并增强混凝土的性能。

（2）低碳 HPC 多性能协同设计方法能够有效平衡碳排放和多种性能，用最低碳排放、最低 RCP 和最低孔隙率为目标函数举例，与传统设计方法相比，C40 HPC 分别在隐含碳排放、28 d RCP 和孔隙率上实现了 18.9%、71.3%和 7.3%的减少，C50 HPC 则分别实现 10.1%、64.9%和 28.8%的减少，所提出的方法展示了同时优化 HPC 的碳排放和耐久性的能力，与单目标优化方案相比，三目标优化方案在 C40 HPC 和 C50 HPC 上展示了最高的综合优化效率，分别为 39.6%和 42.3%。

（3）通过文献数据验证、工程数据验证、实验验证综合验证了所提出模型的预测和设计能力，模型具有良好的泛化能力，能够用于辅助指导实际工程中水泥基复合材料的设计。

参 考 文 献

[1] Long W J，Gu Y C，Liao J X，et al. Sustainable design and ecological evaluation of low binder self-compacting concrete[J]. Journal of Cleaner Production，2017，167：317-325.

[2] Wang X Y. Design of low-cost and low-CO_2 air-entrained fly ash-blended concrete considering carbonation and frost durability[J]. Journal of Cleaner Production，2020，272：122675.

[3] Wang X Y，Wang Y S，Lin R S，et al. Energy optimization design of limestone hybrid concrete in consideration of stress levels and carbonation resistance[J]. Buildings，2022，12（3）：342.

[4] Mahjoubi S，Barhemat R，Meng W，et al. AI-guided auto-discovery of low-carbon cost-effective ultra-high performance concrete（UHPC）[J]. Resources，Conservation and Recycling，2023，189：106741.

[5] Long G C，Gao Y，Xie Y J. Designing more sustainable and greener self-compacting concrete[J]. Construction and Building Materials，2015，84：301-306.

[6] Shah A A，Ribakov Y. Recent trends in steel fibered high-strength concrete[J]. Materials & Design，2011，32(8-9)：4122-4151.

[7] Devi K，Aggarwal P，Saini B. Admixtures used in self-compacting concrete：A review[J]. Iranian Journal of Science and Technology，Transactions of Mechanical Engineering，2020，44（2）：377-403.

[8] Ben A M，Burtschell Y，Alaoui A H，et al. Correlation between bleeding and rheological characteristics of self-compacting concrete[J]. Journal of Materials in Civil Engineering，2017，29（6）：05017001.

[9] Benaicha M，Belcaid A，Alaoui A H，et al. Rheological characterization of self-compacting concrete：New recommendation[J]. Structural Concrete，2019，20（5）：1695-1701.

[10] Benjeddou O，Soussi C，Jedidi M，et al. Experimental and theoretical study of the effect of the particle size of limestone fillers on the rheology of self-compacting concrete[J]. Journal of Building Engineering，2017，10：32-41.

[11]　Yang S，Zhang J B，An X H，et al. Effects of fly ash and limestone powder on the paste rheological thresholds of self-compacting concrete[J]. Construction and Building Materials，2021，281：122560.

[12]　Sua-Iam G，Sokrai P，Makul N. Novel ternary blends of Type 1 Portland cement，residual rice husk ash，and limestone powder to improve the properties of self-compacting concrete[J]. Construction and Building Materials，2016，125：1028-1034.

[13]　De W K，Ben H M，Le S G，et al. Hydration mechanisms of ternary Portland cements containing limestone powder and fly ash[J]. Cement and Concrete Research，2011，41（3）：279-291.

[14]　Cheng B，Mei L，Long W J，et al. AI-guided proportioning and evaluating of self-compacting concrete based on rheological approach[J]. Construction and Building Materials，2023，399：132522.

[15]　Ghoddousi P，Shirzadi J A A，Sobhani J. Effects of particle packing density on the stability and rheology of self-consolidating concrete containing mineral admixtures[J]. Construction and Building Materials，2014，53：102-109.

[16]　Hu J，Wang K J. Effect of coarse aggregate characteristics on concrete rheology[J]. Construction and Building Materials，2011，25（3）：1196-1204.

[17]　Zhao Y，Duan Y H，Zhu L L，et al. Characterization of coarse aggregate morphology and its effect on rheological and mechanical properties of fresh concrete[J]. Construction and Building Materials，2021，286：122940.

[18]　Wang Y，Chen S G，Qiu L C，et al. Experimental study on the slump-flow underwater for anti-washout concrete[J]. Construction and Building Materials，2023，365：130026.

[19]　Aditto F S，Sobuz Md H R，Saha A，et al. Fresh，mechanical and microstructural behaviour of high-strength self-compacting concrete using supplementary cementitious materials[J]. Case Studies in Construction Materials，2023，19：e02395.

[20]　Bayat H，Banar R，Nikravan M，et al. Durability，mechanical，workability，and environmental assessment of self-consolidating concrete containing blast furnace slag and natural zeolite[J]. Journal of Building Engineering，2024，86：108737.

[21]　Asghari Y，Mohammadyan-Yasouj S E，Saeid R K S. Utilization of metakaolin on the properties of self-consolidating concrete：A review[J]. Construction and Building Materials，2023，389：131605.

[22]　Chandru P，Karthikeyan J，Sahu A K，et al. Some durability characteristics of ternary blended SCC containing crushed stone and induction furnace slag as coarse aggregate[J]. Construction and Building Materials，2021，270：121483.

[23]　Karthik D，Nirmalkumar K，Priyadharshini R. Characteristic assessment of self-compacting concrete with supplementary cementitious materials[J]. Construction and Building Materials，2021，297：123845.

[24]　Long W J，Khayat K H，Yahia A，et al. Rheological approach in proportioning and evaluating prestressed self-consolidating concrete[J]. Cement and Concrete Composites，2017，82：105-116.

[25]　Aponte D F，Barra M，Vàzquez E. Durability and cementing efficiency of fly ash in concretes[J]. Construction and Building Materials，2012，30：537-546.

[26]　Adil G，Kevern J T，Mann D. Influence of silica fume on mechanical and durability of pervious concrete[J]. Construction and Building Materials，2020，247：118453.

[27]　Alexander M G，Magee B J. Durability performance of concrete containing condensed silica fume[J]. Cement and Concrete Research，1999，29（6）：917-922.

[28]　Badogiannis E，Tsivilis S. Exploitation of poor Greek kaolins：Durability of metakaolin concrete[J]. Cement and Concrete Composites，2009，31（2）：128-133.

[29] Gonilho P C，Castro-Gomes J，De Oliveira L P. Influence of natural coarse aggregate size，mineralogy and water content on the permeability of structural concrete[J]. Construction and Building Materials，2009，23（2）：602-608.

[30] Sathyan D，Anand K B. Influence of superplasticizer family on the durability characteristics of fly ash incorporated cement concrete[J]. Construction and Building Materials，2019，204：864-874.

[31] Łaźniewska-Piekarczyk B. The type of air-entraining and viscosity modifying admixtures and porosity and frost durability of high performance self-compacting concrete[J]. Construction and Building Materials，2013，40：659-671.

第 7 章 物理信息引导的 3D 打印水泥基复合材料智能化设计方法及应用

7.1 引　言

基于第 5 章建立的高精度流变性能预测模型以及本章建立的可打印性和力学性能预测模型，进行了以实现良好可打印性/力学性能为目标的 3D 打印水泥基复合材料多性能协同智能化设计。通过双目标优化确定了最佳的材料流变性能和打印参数，并且通过四目标优化确定了最佳的材料配合比。此外，本章还比较分析了智能设计和传统设计的效果差异，并进行了流变性能和可打印性/力学性能实验。通过详细的实验结果分析，验证了智能多目标优化（multi-objective optimization，MOO）设计的有效性。

7.2 多目标优化原理

7.2.1 定义

与单目标优化问题不同，MOO 问题涉及在优化过程中同时考虑多个相互冲突的目标。在 MOO 问题中，需要找到各个目标之间的平衡点，以便为每个目标提供最佳解决方案[1]。MOO 的具体定义如下。

1. 最小化问题

$$\min F(x) = [f_1(x), f_2(x), \cdots, f_k(x)]^{\mathrm{T}} \tag{7.1}$$

$$\text{subject to:} \begin{cases} g_j(x) \geqslant 0, & j = 1, 2, \cdots, t \\ h_j(x) = 0, & j = 1, 2, \cdots, m \\ l_j \leqslant x_j \leqslant \mu_j, & j = 1, 2, \cdots, p \end{cases} \tag{7.2}$$

式中，$F(x)$ 指具有 k 个目标的目标函数；$g_j(x)$ 指第 j 个不等式约束条件；$h_j(x)$ 指第 j 个等式约束条件；l_j 指第 j 个变量的下边界；μ_j 指第 j 个变量的上边界；t 指不等式约束条件的数量；m 指等式约束条件的数量；p 指变量的数量。

2. 帕累托支配

假设矢量 $u, v \in R^D$，并且 $\forall i \in \{1, 2, \cdots, D\}: u_i \leqslant v_i$，$\exists i \in \{1, 2, \cdots, D\}: u_i < v_i$，则 u 主导 $v(u \prec v)$。

3. 帕累托集合和帕累托前沿

$$P_\Gamma = \left\{ x^* \in \Gamma \mid \neg \exists x \in \Gamma : F(x) \prec F(x^*) \right\} \tag{7.3}$$

$$\mathrm{PF} = \left\{ F(x) \in S_y \mid x \in P_\Gamma \right\} \tag{7.4}$$

式中，P_Γ 指帕累托集合；PF 指帕累托前沿；Γ 指所有可能解的集合，$\Gamma \subset S_x$；x^* 指具体某一个解；x 指其他解；$F(x^*)$ 指 x^* 对应的目标函数向量；$F(x)$ 指 x 对应的目标函数向量。

4. 帕累托最优集合和帕累托最优前沿

$$\Lambda = \left\{ x^* \in S_x \mid \neg \exists x \in S_x : F(x) \prec F(x^*) \right\} \tag{7.5}$$

$$\mathrm{PF}^* = \left\{ F(x) \in S_y \mid x \in \Lambda \right\} \tag{7.6}$$

式中，Λ 指帕累托最优集；PF^* 指帕累托最优前沿。

7.2.2　约束条件

为了解决 MOO 问题，需要设置一些约束条件。根据 Golafshanit 等[2]的研究，约束条件通常分为以下三类。

（1）范围约束：限制了决策变量的取值范围。每个决策变量都有一个上下限，定义了解决方案的允许范围。此类约束能够确保决策变量保持在特定范围内，防止其值超出合理界限，从而保证解的可行性和现实性。

（2）比例约束：定义了不同决策变量之间的关系或比例。此类约束可以是线性的或非线性的，用于在变量之间强制执行特定的比例或关系条件。在优化问题中，此类约束的作用是控制决策变量之间的相互依赖和平衡，确保它们按照预定的比例或关系进行调整。

（3）体积约束：限制了解的体积或空间。此类约束通常用于物理或几何特征相关的优化问题，确保获得的解决方案满足某些体积相关的条件。通过施加此类约束，可以控制解在特定空间内的分布，避免其在实际应用中不符合要求。

7.2.3　终止条件

在 MOO 中，终止条件是决定算法何时停止运行并返回当前解集的关键因素。

常见的终止条件包括达到最大迭代次数、时间限制、目标函数评估次数、收敛准则、多样性准则以及目标值阈值等。终止条件应根据具体问题的性质和优化需求来确定，以确保算法在合理时间内找到高质量的解[3]。

7.2.4 优化算法——带精英策略的二代非支配排序的遗传算法（NSGA-Ⅱ）

带精英策略的 NSGA-Ⅱ 是一种基于 GA 的 MOO 算法，它改进并扩展了原始的 NSGA 算法，以解决 MOO 问题中的非支配排序和最优解选择问题[4]。带精英策略的 NSGA-Ⅱ算法的主要步骤如下。

（1）初始化：随机生成一个初始种群，每个个体代表一个潜在的解决方案。

（2）非支配排序：对种群中的个体进行非支配排序，将它们分成不同的等级。非支配排序基于个体间的支配关系，优越的个体会被分配到更高的等级。

（3）拥挤距离计算：计算每个等级中个体的拥挤距离，以衡量它们在解空间中的密度。拥挤距离反映了每个个体周围解的分布情况，有助于保持多样性。

（4）选择操作：根据个体的非支配等级和拥挤距离为下一代种群选择个体。在选择过程中，等级越高、拥挤距离越大的个体越有可能被选中。

（5）交叉和变异操作：对选中的个体进行交叉和变异操作，生成新的个体。交叉和变异的目的是引入新的解决方案，进一步改进种群。

（6）终止标准：检查算法是否满足终止条件，如迭代次数或收敛水平。根据是否达到迭代次数或收敛水平来确定是否应终止算法。若不符合终止条件，则返回步骤（2）继续进行非支配排序、拥挤距离计算、选择、交叉和变异操作。

7.2.5 决策方法——优劣解距离法（TOPSIS）

面对具有多个目标的候选方案，单纯比较目标值可能无法全面评估其优劣。为了从帕累托前沿中确定最优解，研究引入了 TOPSIS 方法[5]。TOPSIS 方法的基本思想是通过计算每个候选方案与正理想方案和负理想方案的距离来衡量它们的相似度。根据这些相似度值，可以确定候选方案的最终排序和优劣关系。在帕累托前沿中，正理想解指的是目标函数值最优的解决方案，而负理想解指的是目标函数值最差的解决方案[6]。具体计算过程见公式（7.7）～公式（7.9）。

$$d_{i+} = \sqrt{\sum_{j=1}^{n} (F_{ij} - F_j^{\text{ideal}})^2} \tag{7.7}$$

$$d_{i-} = \sqrt{\sum_{j=1}^{n} (F_{ij} - F_j^{\text{non-ideal}})^2} \qquad (7.8)$$

$$C_i = \frac{d_{i-}}{d_{i+}} \qquad (7.9)$$

式中，d_{i+} 指解 i 与正理想解之间的距离；d_{i-} 指 i 与负理想解之间的距离；n 指目标数量；i 指帕累托前沿上的解点；F_j^{ideal} 指单目标优化中第 j 个目标的正理想解；$F_j^{\text{non-ideal}}$ 指单目标优化中第 j 个目标的负理想解；C_i 指紧度系数，帕累托前沿上的最优解对应的 C_i 最大。

7.3　3D 打印水泥基复合材料可打印性和力学性能预测模型建立

7.3.1　可打印性预测

1. H_e 预测模型

图 7.1 展示了基于 CNN 模型的 H_e 预测结果。从图 7.1（a）和（b）中可以看出，H_e 的预测值与实际值之间相差较小，并且呈现出高度线性的关系。这说明 CNN 模型对 H_e 的预测具有较高的准确性。在训练集和测试集上，H_e 预测模型的 R^2 均为 0.96，RMSE 分别为 1.21% 和 1.37%，显示了其高精度和低误差。图 7.1（c）和（d）可视化了 H_e 预测模型每组数据的误差情况，其在训练集和测试集上的平均误差分别为 1.90% 和 2.34%，最大误差分别为 19.92% 和 5.58%，最小误差分别为 0.05% 和 0.34%。尽管存在显著高于平均误差的最大误差，但是大部分数据点的误差相对较小，进一步验证了 H_e 预测模型的鲁棒性和可靠性。

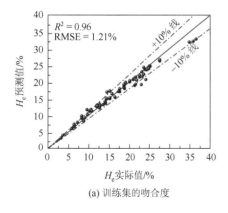

(a) 训练集的吻合度

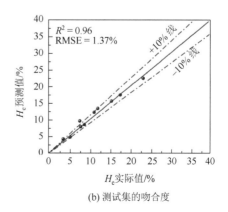

(b) 测试集的吻合度

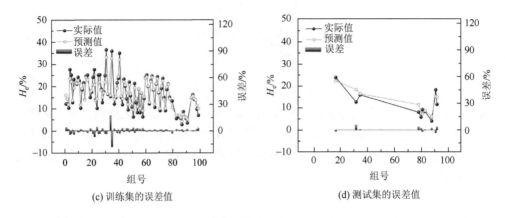

(c) 训练集的误差值　　　　　　　　(d) 测试集的误差值

图 7.1　H_e 预测值和实际值对比

2. W_e 预测模型

图 7.2 展示了基于 CNN 模型的 W_e 预测结果。从图 7.2（a）和（b）中可以看出，W_e 的预测值与实际值之间相差较小，并且呈现出高度线性的关系。这说明 CNN 模型对 W_e 的预测具有较高的准确性。在训练集和测试集上，W_e 预测模型的 R^2 分别为 0.99 和 0.98，RMSE 分别为 1.96% 和 2.15%，显示了其高精度和低误差。图 7.2（c）和（d）可视化了 W_e 预测模型每组数据的误差情况，其在训练集和测试集上的平均误差分别为 2.56% 和 4.39%，最大误差分别为 17.86% 和 14.31%，最小误差分别为 0.08% 和 0.15%。尽管存在显著高于平均误差的最大误差，但是大部分数据点的误差相对较小，进一步验证了 W_e 预测模型的鲁棒性和可靠性。

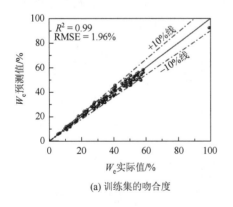

(a) 训练集的吻合度

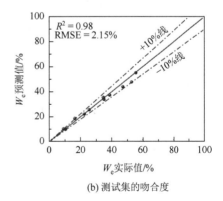

(b) 测试集的吻合度

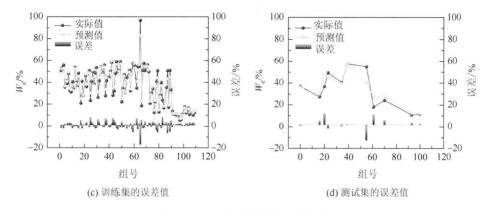

(c) 训练集的误差值　　　　　　　　(d) 测试集的误差值

图 7.2　W_e 预测值和实际值对比

7.3.2　力学性能预测

1. CS 预测模型

图 7.3 展示了基于 CNN 模型的抗压强度（CS）预测结果。从图 7.3（a）和（b）中可以看出，CS 的预测值与实际值之间相差较小，并且呈现出高度线性的关系。这说明 CNN 模型对 CS 的预测具有较高的准确性。在训练集和测试集上，CS 预测模型的 R^2 分别为 0.99 和 0.96，RMSE 分别为 2.56 MPa 和 3.86 MPa，显示了其高精度和低误差。图 7.3（c）和（d）可视化了 CS 预测模型每组数据的误差情况，其在训练集和测试集上的平均误差分别为 3.22 MPa 和 3.46 MPa，最大误差分别为 15.99 MPa 和 11.29 MPa，最小误差均为 0 MPa。尽管存在显著高于平均误差的最大误差，但是大部分数据点的误差相对较小，进一步验证了 CS 预测模型的鲁棒性和可靠性。

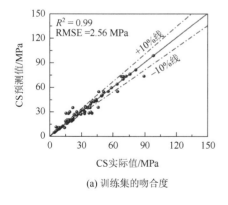

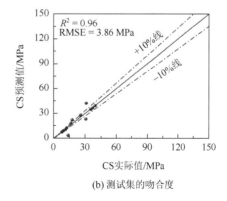

(a) 训练集的吻合度　　　　　　　　(b) 测试集的吻合度

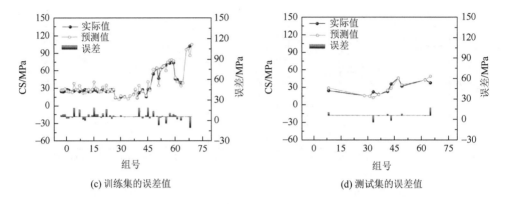

(c) 训练集的误差值　　　　　　　　　　(d) 测试集的误差值

图 7.3　CS 预测值和实际值对比

2. IBS 预测模型

图 7.4 展示了基于 CNN 模型的 IBS 预测结果。从图 7.4（a）和（b）中可以看出，IBS 的预测值与实际值之间相差较小，并且呈现出高度线性的关系。这说明 CNN 模型对 IBS 的预测具有较高的准确性。在训练集和测试集上，IBS 预测模型的 R^2 分别为 0.99 和 0.96，RMSE 分别为 0.24 MPa 和 0.35 MPa，显示了其高精度和低误差。图 7.4（c）和（d）可视化了 IBS 预测模型每组数据的误差情况，其在训练集和测试集上的平均误差分别为 0.22 MPa 和 0.38 MPa，最大误差分别为 1.75 MPa 和 1.97 MPa，最小误差分别为 0 MPa 和 0 MPa。尽管存在显著高于平均误差的最大误差，但是大部分数据点的误差相对较小，进一步验证了 IBS 预测模型的鲁棒性和可靠性。

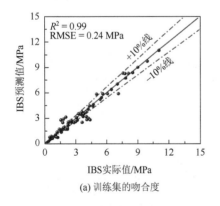

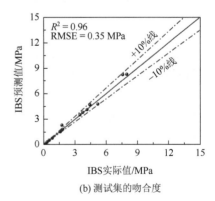

(a) 训练集的吻合度　　　　　　　　　　(b) 测试集的吻合度

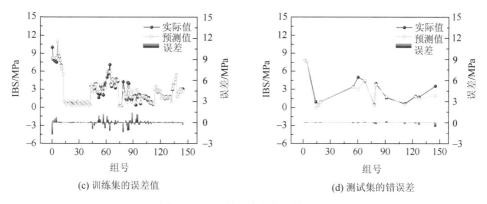

(c) 训练集的误差值　　　　　　　　(d) 测试集的错误差

图 7.4　IBS 预测值和实际值对比

7.3.3　基于 SHAP 方法的参数分析

1. 可打印性预测模型局部解释

为了更清晰地展示每个输入参数对 H_e 预测模型和 W_e 预测模型的具体贡献，本书从模型中选取了反映三种典型情况的三个样本，并对其 SHAP 值进行了详细解释，如图 7.5 和图 7.6 所示。

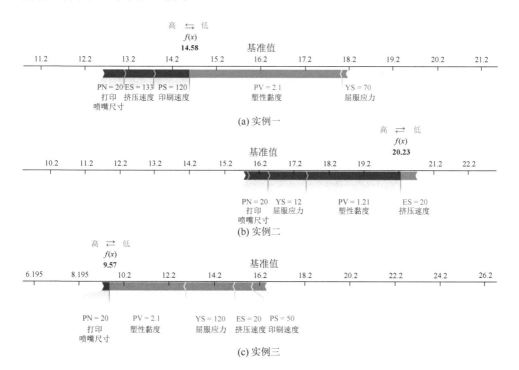

(a) 实例一

(b) 实例二

(c) 实例三

图 7.5　H_e 预测模型的局部解释图

图 7.5 展示了 H_e 预测模型中三个典型样本的局部解释。如图 7.5（a）所示，样本一的基准值为 16.20，而最终值为 14.58，使二者产生差异的主要负贡献因素为 PV（2.1）。这是因为当水泥基复合材料的 PV 处于合适范围内且较低时，其顺利挤出的概率较高。此时，水泥基复合材料打印效果会随着 PV 的提高而改善，从而降低打印条带的 H_e。该结果与 Tay 等[7]的研究结果一致。除了 PV（2.1），另一个主要负贡献因素为 YS（70）。当水泥基复合材料的 YS 处于合适范围内时，其内部结构致密且颗粒之间有足够的吸引力来提高打印结构的形状稳定性，此时打印质量较好，即 H_e 较低。该结果与 Chen 等[8]的研究结果一致。除了负贡献因素，还存在一些正贡献因素影响样本一的最终输出结果，其中影响较大的因素是 PS（120）。PS 控制着整个打印过程的速度，一旦材料的实际流速远低于喷嘴的移动速度，水泥基复合材料条带的宽度就会减小并发生断裂。因此，当 PS 过大时，会促使未完全挤出的水泥基复合材料条带"空走"，导致其过细、不均匀、中断或变形，从而提高打印条带的 H_e。这一结果 Cui 等[9]的研究结论相似。

如图 7.5（b）所示，影响样本二最终输出结果的负贡献因素为 ES（20）。当 ES 较小时，水泥基复合材料能够更均匀和精确地沉积在打印表面上，从而减少材料堆积和厚度不均的问题，降低打印条带的 H_e。该结果与 De Schuttert 等[10]的研究结果一致。此外，样本二的主要正贡献影响因素为 PV（1.21）。当 PV 低于合适范围时，水泥基复合材料过于流动，导致其在挤出后不能很好地保持形状。此时，打印条带在沉积后会迅速扩散或塌陷，形成不规则的形状和厚度，从而提高其 H_e。该结果与 Tay 等[7]的研究结果一致。

如图 7.5（c）所示，与样本一相似，样本三的主要负贡献影响因素为 PV（2.1）。此外，样本三的主要正贡献影响因素为打印喷嘴（print nozzle，PN）尺寸（20）。这是因为较小的喷嘴更容易被水泥基复合材料中的颗粒和杂质堵塞，会导致材料流动不稳定，影响打印条带的连续性和均匀性，从而提高其 H_e。该结果与 Chen 等[8]的研究结果一致。

图 7.6 展示了 W_e 预测模型中三个典型样本的局部解释。

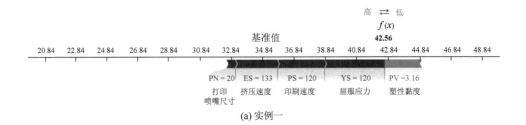

(a) 实例一

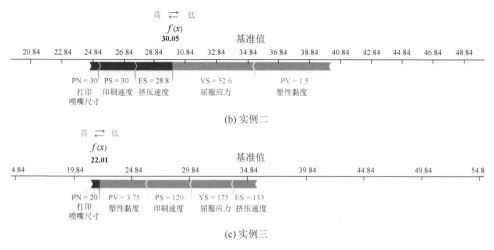

(b) 实例二

(c) 实例三

图 7.6　W_e 预测模型的局部解释图

如图 7.6（a）所示，样本一的基准值为 34.84，而最终值为 42.56，使二者产生差异的主要正贡献因素为 YS（120）和 PS（120）。当水泥基复合材料的 YS 不高且印刷速度较高时，水泥基复合材料难以保持稳定的条带形状，导致条带扩散、塌陷或变形。此外，较高的 PS 会加剧材料流动控制的困难，水泥基复合材料可能在喷嘴快速移动过程中以不均匀的速率沉积，导致条带厚度和宽度的不一致，从而提高其 W_e。该结果与 Ketel 等[11]的研究结果一致。除了正贡献因素，影响样本一的负贡献因素为 PV（3.16）。这是因为当 PV 处于合适范围内时，水泥基复合材料内部固体悬浮物的体积分数适中，有助于增加其内部结构的密实度。此时，打印结构的形状稳定性较高，从而降低打印条带的 W_e。该结果与 Chen 等[8]的研究结果一致。

如图 7.6（b）所示，样本二的主要正贡献影响因素为 PS（30）和 ES（28.8），二者的影响程度大致相等。这是因为当 PS 和 ES 较低时，水泥基复合材料供给可能不足，导致条带厚度不均匀，从而提高其 W_e。该结果与 Ketel 等[11]的研究结果一致。此外，样本二的主要负贡献影响因素为 YS（52.6）和 PV（1.5），具体原因见上文。

如图 7.6（c）所示，样本三的主要正贡献影响因素为 PN 尺寸（20）。这是因为较小的喷嘴更容易被水泥基复合材料中的颗粒和杂质堵塞，导致材料流动不稳定，影响打印条带的连续性和均匀性，从而提高其 W_e。该结果与 Chen 等[8]的研究结果一致。此外，与样本一和二相似，样本三的主要负贡献影响因素为 PV（3.75）。

2. 可打印性预测模型全局解释

图 7.7 展示了 H_e 预测模型和 W_e 预测模型的全局解释，参数按照 SHAP 值从高到低排序。由图 7.7（a）可知，对 H_e 预测模型的输出结果贡献最大的前三个参数分

别为 PV、YS 和 PN，这与图 7.5 的结果一致。图 7.7（b）显示，对 W_e 预测模型的输出结果贡献最大的前三个参数分别为 ES、PS 和 YS，这与图 7.6 的结果一致。

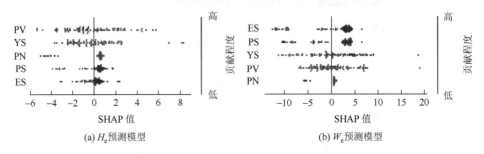

(a) H_e 预测模型　　　　　　　　　　　　　(b) W_e 预测模型

图 7.7　可打印性预测模型的全局解释图（扫描封底二维码获取彩图）

3. 力学性能预测模型局部解释

为了更清晰地展示每个输入参数对 CS 预测模型和 IBS 预测模型的具体贡献，本书从模型中选取了反映三种典型情况的三个样本，并对其 SHAP 值进行了详细解释，如图 7.8 和图 7.9 所示。

图 7.8 展示了 CS 预测模型中三个典型样本的局部解释。如图 7.8（a）所示，样本一的基准值为 29.23，而最终值为 68.11，使二者产生差异的主要正贡献因素为 ES（2000）。这是因为 ES 较高可以确保水泥基复合材料在打印过程中快速且连续地沉积，有助于减少空隙和气泡，使材料更加致密，从而提高其 CS。该结果与 Cui 等[9] 的研究结果一致。除了 ES（2000），另一个主要正贡献因素为 PN 尺寸（80）。这是因为大喷嘴能挤出更多的水泥基复合材料，使沉积时的材料更加均匀、连续，减少分层和空隙的可能性，提高水泥基复合材料的整体致密性和均匀性，从而提高其 CS。该结果与 Ketel 等[11] 的研究结果一致。除了正贡献因素，影响样本一的负贡献因素为 PS（100）。这是因为较高的 PS 可能导致水泥基复合材料在挤出和沉积过程中无法均匀分布，出现间隙、气泡和不均匀厚度，这些缺陷会削弱水泥基复合材料的整体结构，从而降低其 CS。该结果与 Sanjayan 等[12] 的研究结果一致。

如图 7.8（b）所示，与样本一相似，影响样本二最终输出结果的主要正贡献因素为 ES（1300）。除了 ES（1300），另一个主要正贡献因素为 YS（2000）。这是因为当 YS 较高时，水泥基复合材料内部颗粒和胶结材料之间的相互作用力更强，材料本身的强度更高。这种强度在打印过程中也会反映在最终的固化结构中，从而使水泥基复合材料具有更高的 CS。该结果与 Dai 等[13] 的研究结论一致。此外，样本二的主要负贡献影响因素为 PV（6.97）。这是因为较低的 PV 导致水泥基复合材料流动性较高，高流动性的水泥基复合材料在沉积后可能会在固化之前发生形变，导致层间结合力不足。这种层间弱结合会导致水泥基复合材料在压力下容易出现分层和裂缝，从而降低其 CS。该结果与 Liu 等[14]的研究结果一致。

如图 7.8（c）所示，与样本二相似，样本三的主要负贡献影响因素为 ES（133）和 YS（178）。

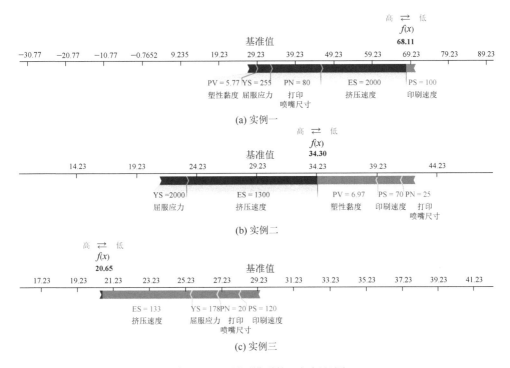

图 7.8　CS 预测模型的局部解释图

图 7.9 展示了 IBS 预测模型中三个典型样本的局部解释。如图 7.9（a）所示，样本一的基准值为 2.664，而最终值为 3.12，使二者产生差异的主要正贡献因素为 YS（1939）。这是因为 YS 较高时，每一层水泥基复合材料在沉积后能迅速固化并形成稳固的结构，从而提高其 IBS。该结果与 Sanjayan 等[12]的研究结果一致。除了 YS（1939），另一个主要正贡献因素为 ES（1000）。这是因为当 ES 较高时，水泥基复合材料可以更快速、连续地挤出并沉积在下一层水泥基复合材料表面。这种快速沉积可以减少水泥基复合材料层间沉积的间隙和空隙，从而提高其 IBS。该结果与 Liu 等[14]的研究结果一致。除了正贡献因素，影响样本一的负贡献因素为 PN（10）。这是因为小喷嘴挤出的水泥基复合材料条带宽度较窄，层间接触面积相对较小。这会导致每层水泥基复合材料的接触面积不足，从而减少了层间结合的机会和其 IBS。该结果与 Dai 等[13]的研究结果一致。

　　如图 7.9（b）所示，与样本一相似，影响样本二最终输出结果的主要正贡献因素为 PN（30）和 YS（1657）。此外，样本二的主要负贡献影响因素为 PS（60）。这是因为较小的 PS 会导致每层水泥基复合材料的挤出量和沉积速度减慢，增加每层水泥基复合材料的厚度和固化时间，使得前一层水泥基复合材料部分或完全固化，从而降低新一层水泥基复合材料与其之间的 IBS。该结果与 Dai 等[13]的研究结果一致。

　　如图 7.9（c）所示，与样本二相似，样本三的主要负贡献影响因素为 PS（45）和 PN（10）。

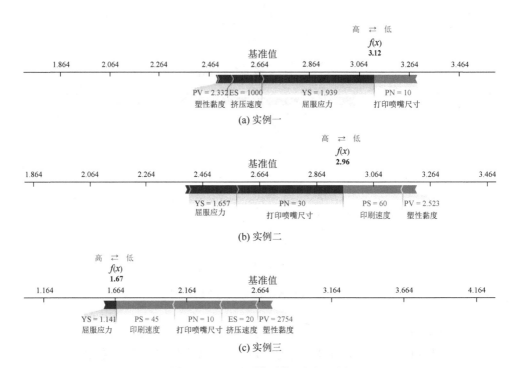

图 7.9　IBS 预测模型的局部解释图

4. 力学性能预测模型全局解释

　　图 7.10 展示了 CS 预测模型和 IBS 预测模型的全局解释，参数按照 SHAP 值从高到低排序。由图 7.10（a）可知，对 CS 预测模型的输出结果贡献最大的前三个参数分别为 ES、PS 和 YS，这与图 7.8 的结果一致。图 7.10（b）显示，对 IBS 预测模型的输出结果贡献最大的前三个参数分别为 PS、PN 和 ES，这与图 7.9 的结果一致。

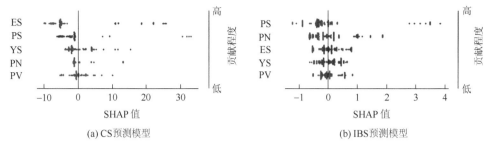

(a) CS预测模型　　　　　　　　　　(b) IBS预测模型

图 7.10　力学性能预测模型的全局解释图（扫描封底二维码获取彩图）

7.4　3D 打印水泥基复合材料打印设计参数智能优化

7.4.1　满足可打印性要求

1. 目标函数

3D 打印水泥基复合材料的独特之处在于其高度可定制。这种特性使其特别适合生产花盆和装饰艺术品等不需要特殊结构强度但需要精美外观的展览品。尽管这些展览品不要求特殊的结构强度，但在打印过程中必保证其可打印性良好，最小化打印误差。因此，为了实现这一目标，并获得最佳的材料流变性能和打印参数，需要设计一个双目标优化方案，其目标函数如下。

（1）目标 H_e：0%。

（2）目标 W_e：0%。

2. 约束条件

该双目标优化的目标是获得材料流变性能和打印参数的最佳组合。参考了以往的实验经验和经典文献研究[15]，最终设置了范围约束和比例约束，详见表 7.1 和表 7.2。

（1）范围约束。双目标优化问题的范围约束见表 7.1。

表 7.1　双目标优化问题的范围约束

参数	单位	最小值	最大值
YS	Pa	−97.3	557.5
PV	Pa·s	0.45	6.97
PN	mm	10	40
ES	r/min	900	1 800
PS	mm/s	50	140

（2）比例约束。双目标优化问题的比例约束见表 7.2。

表 7.2　双目标优化问题的比例约束

参数	单位	最小值	最大值
ES/PN	r/(min·mm)	45	90
PS/PN	s^{-1}	1.2	2.5
ES/PS	r·s/(min·mm)	18	36

3. 终止条件

经过大量计算，同时综合考虑计算效率和优化效果等因素，最终将终止条件设置为 100 次迭代。

4. 优化结果分析

对于双目标优化问题，研究目标是实现 H_e 和 W_e 的优化。图 7.11 展示了该双目标优化问题的帕累托前沿。通过 CNN 预测模型和带精英策略的 NSGA-Ⅱ优化算法，共计算出 19 个非支配点（即 3D 打印水泥基复合材料的最佳流变性能和打印参数），每个点都是基于定义目标之间的权衡确定的。此外，利用 TOPSIS 决策方法确定了最优解（此时 TOPSIS 值为 1）：$H_e = 1.99\%$，$W_e = 25.87\%$。表 7.3 列出了帕累托前沿上所选点的材料流变性能、打印参数和目标函数值。

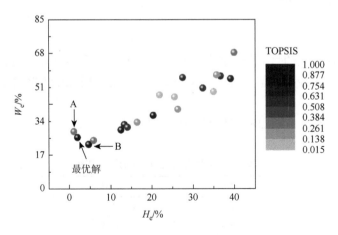

图 7.11　双目标优化问题（H_e、W_e）的帕累托前沿

A 和 B 分别指将 H_e 和 W_e 作为单一目标时的最优解

表 7.3 双目标优化问题（H_e、W_e）的帕累托前沿上所选取点的流变性能、打印参数和目标函数值

参数		A	B	最优解
流变性能	YS/Pa	97.30	97.30	81.40
	PV/(Pa·s)	1.51	1.06	1.83
	PN/mm	21	23	25
打印参数	ES/(r/min)	983	1 041	1 090
	PS/(mm/s)	51	51	55
目标函数	H_e/%	1.11	4.71	1.99
	W_e/%	28.83	22.43	25.87
	TOPSIS	0.28	0.93	1.00

7.4.2 满足力学性能要求

1. 目标函数

除了作为美观的展示品，3D 打印水泥基复合材料还能满足具有特定强度要求的建筑结构。这些应用需求可能进一步推动 3D 打印技术作为一种建筑方法在行业内广泛应用。考虑 3D 打印水泥基复合材料的特性以及典型建筑结构的设计要求，强度参数 CS 和 IBS 被设置为目标函数。CS 是评估水泥基复合材料材料性能的关键参数之一，若 3D 打印水泥基复合材料的 CS 过低，可能无法满足建筑物的功能要求。相反，过高的 CS 会导致生产成本显著上升，并且会增加生产过程中的碳排放。因此，选择 CS 的一个平衡点至关重要。考虑 C60 和更高强度等级的水泥基复合材料被归类为高强度水泥基复合材料，其在变形性、耐久性、成本效益及减少碳排放方面性能优越，故将 CS 目标函数值设定为 60 MPa。对于 IBS，确保在满足 CS 要求的前提下，通过最大化 IBS 可以进一步提高 3D 打印水泥基复合材料结构的稳定性。因此，为了实现这一目标，并获得最佳的材料流变性能和打印参数，需要设计一个双目标优化方案，其目标函数如下。

（1）目标 CS：60 MPa。

（2）IBS 最大化。

2. 约束条件

与 7.4.1 节类似，最终设置了范围约束和比例约束，详见表 7.1 和表 7.2。

3. 终止条件

经过大量计算，同时综合考虑计算效率和优化效果等因素，最终将终止条件设置为 100 次迭代。

4. 优化结果分析

对于双目标优化问题，研究目标是实现 CS 和 IBS 的优化。图 7.12 展示了该双目标优化问题的帕累托前沿。通过 CNN 预测模型和带精英策略的 NSGA-Ⅱ优化算法，共计算出 17 个非支配点（即 3D 打印水泥基复合材料的最佳流变性能和打印参数），每个点都是基于定义目标之间的权衡确定的。此外，利用 TOPSIS 决策方法确定了最优解（此时 TOPSIS 值为 1）：CS = 62.04 MPa，IBS = 3.01 MPa。表 7.4 列出了帕累托前沿上所选点的材料流变性能、打印参数和目标函数值。

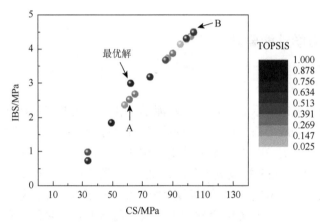

图 7.12　双目标优化问题（CS、IBS）的帕累托前沿

（图中 A 和 B 分别指将 CS 和 IBS 作为单一目标时的最优解）

表 7.4　双目标优化问题（CS、IBS）的帕累托前沿上所选取点的流变性能、打印参数和目标函数值

参数		A	B	最优解
流变性能	YS/Pa	97.20	429.77	39.82
	PV/(Pa·s)	3.04	0.90	3.13
	PN/mm	25	35	25
打印参数	ES/(r/min)	1 193	1 777	1 207
	PS/(mm/s)	56	70	59
目标函数	CS/MPa	61.18	103.61	62.04
	IBS/MPa	2.53	4.52	3.01
	TOPSIS	0.29	0.25	1.00

7.5　3D 打印水泥基复合材料配合比设计参数智能优化

7.5.1　满足可打印性要求

1. 目标函数

在确定了最佳材料流变性能和打印参数以实现良好的可打印性之后，下一步就是确定 3D 打印水泥基复合材料的最佳配合比。此阶段需要考虑多种因素，包括材料流变性能、生产成本和碳排放。总体目标是在使材料满足最佳流变性能的前提下，尽可能降低其生产成本和碳排放，最终达到一个平衡点。这种综合考虑工作性能和可持续性的方法，不仅有助于建筑行业的可持续发展，还能减轻生产过程对环境的不利影响，促进绿色建筑实践。该四目标优化的目标函数如下。

（1）目标 YS：81.40 Pa。

（2）目标 PV：1.83 Pa·s。

（3）成本最小化：

$$\begin{aligned} \text{Cost} = {} & C_{OPC}Q_{OPC} + C_{SAC}Q_{SAC} + C_{SF}Q_{SF} + C_{FA}Q_{FA} + C_{S}Q_{S} + C_{TA}Q_{TA} \\ & + C_{ESA}Q_{ESA} + C_{SP}Q_{SP} + C_{W}Q_{W} \end{aligned} \tag{7.10}$$

式中，Cost 指材料总成本，单位为美元；Q 指各种材料的总用量，单位为 kg（表 7.5）；C 指各种材料的单位质量成本，单位为美元/kg（表 7.7）。

（4）碳排放最小化：

$$\begin{aligned} CO_2 = {} & CE_{OPC}Q_{OPC} + CE_{SAC}Q_{SAC} + CE_{SF}Q_{SF} + CE_{FA}Q_{FA} + CE_{S}Q_{S} \\ & + CE_{TA}Q_{TA} + CE_{ESA}Q_{ESA} + CE_{SP}Q_{SP} + CE_{W}Q_{W} \end{aligned} \tag{7.11}$$

式中，CO_2 指材料总碳排放量，单位为 kg；Q 指各种材料的总用量，单位为 kg（表 7.5）；CE 指各种材料的单位质量碳排放量，单位为 kg/kg（表 7.7）。

2. 约束条件

该四目标优化的目标是获得最佳材料配合比。参考以往的实验经验和经典文献[16]，最终设置了范围约束、比例约束和体积约束，详见表 7.5～表 7.7 和公式（7.12）。

（1）范围约束。四目标优化问题的范围约束见表 7.5。

表 7.5　四目标优化问题的范围约束

参数	单位	最小值	最大值
OPC	kg	390.00	1 000.00
SAC	kg	0	110

参数	单位	最小值	最大值
SF	kg	0	300
FA	kg	0	200
S	kg	500	1 000
MAXSS	mm	0.50	1.75
TA	kg	0	7.5
ESA	kg	0	4.95
SP	kg	0	5
W	kg	140	520

（2）比例约束。四目标优化问题的比例约束见表7.6。

表 7.6　四目标优化问题的比例约束

参数	单位	最小值	最大值
SF/(OPC + SAC + SF + FA)	—	0	0.6
FA/(OPC + SAC + SF + FA)	—	0	0.6
S/(OPC + SAC + SF + FA)	—	0.5	2.0
SP/(OPC + SAC + SF + FA)	—	0	0.005
W/(OPC + SAC + SF + FA)	—	0.30	0.52

（3）体积约束：

$$V_{m} = \frac{Q_{OPC}}{U_{OPC}} + \frac{Q_{SAC}}{U_{SAC}} + \frac{Q_{SF}}{U_{SF}} + \frac{Q_{FA}}{U_{FA}} + \frac{Q_{S}}{U_{S}} + \frac{Q_{TA}}{U_{TA}} + \frac{Q_{ESA}}{U_{ESA}} + \frac{Q_{SP}}{U_{SP}} + \frac{Q_{W}}{U_{W}} = 1m^{3} \quad (7.12)$$

式中，V_{m} 指材料总体积，单位为 m³；Q 指各种材料的总用量，单位为 kg（表7.5）；U 指各种材料的单位体积质量，单位为 kg/m³（表7.7）。

表 7.7　各种材料的单位体积质量、单位质量成本和单位质量碳排放量

参数	单位体积质量/(kg/m³)	单位质量成本/(美元/kg)	单位质量碳排放量/(kg/kg)
OPC	3 150	0.136	0.931
SAC	3 050	0.434	0.523
SF	1 600	2.052	0.020
FA	2 400	3.137	0.017
S	1 400	1.277 0	0.002 6
MAXSS	—	—	—
TA	2 200	4.964	0.011
ESA	1 150	7.585	0.013
SP	1 100	9.515	0.250
W	1 000	0.000 390	0.000 196

3. 终止条件

经过大量计算，同时综合考虑计算效率和优化效果等因素，最终将终止条件设置为 100 次迭代。

4. 优化结果分析

对于四目标优化问题，研究目标是在实现 YS 和 PV 优化的前提下，使生产成本和碳排放最小化。图 7.13 展示了该四目标优化问题的帕累托前沿。通过 PICNN 预测模型和带精英策略的 NSGA-Ⅱ 优化算法，共计算出 50 个非支配点（即 3D 打印水泥基复合材料的最佳配合比），每个点都是基于定义目标之间的权衡确定的。

此外，利用 TOPSIS 决策方法确定了最优解（此时 TOPSIS 值为 1）：YS = 70.97 Pa，PV = 1.30 Pa·s，Cost = 803.88 美元，CO_2 = 431.47 kg。表 7.8 列出了帕累托前沿上所选点的材料配合比和目标函数值。

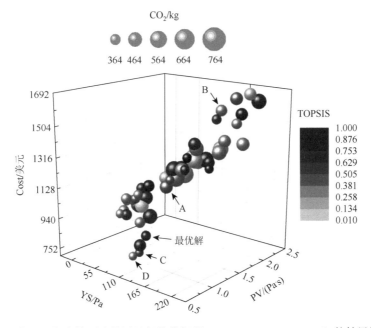

图 7.13　基于可打印性要求的四目标优化问题（YS，PV，Cost，CO_2）的帕累托前沿

（A、B、C 和 D 分别指将 YS、PV、Cost 和 CO_2 作为单一目标时的最优解）

表 7.8　基于可打印性要求的四目标优化问题的帕累托前沿上所选取点的配合比和目标函数值

参数		A	B	C	D	最优解
配合比	OPC/kg	606.40	390.00	390.00	390.00	406.51
	SAC/kg	0.00	109.29	0.00	0.00	96.69

续表

参数		A	B	C	D	最优解
配合比	SF/kg	164.92	297.41	0.00	0.00	2.36
	FA/kg	0.00	36.78	0.00	0.00	0.00
	S/kg	500.18	507.50	500.00	500.00	516.39
	MAXSS/mm	1.75	1.06	1.74	1.74	1.04
	TA/kg	1.37	2.31	0.32	0.36	0.32
	ESA/kg	0.11	1.11	0.11	0.11	0.24
	SP/kg	2.19	3.48	2.55	2.55	4.09
	W/kg	190.49	160.53	190.49	144.82	143.26
目标函数	YS/Pa	80.58	203.48	73.42	75.84	70.97
	PV/(Pa·s)	1.61	1.83	1.16	1.02	1.30
	Cost/美元	1088.15	1527.28	718.25	718.44	803.88
	CO_2/kg	568.76	429.08	365.07	365.06	431.47
	TOPSIS	0.45	0.35	0.54	0.26	1.00

7.5.2　满足力学性能要求

1. 目标函数

与第 7.5.1 节第 1 部分类似，该四目标优化的目标函数如下。

（1）目标 YS：39.82 Pa。

（2）目标 PV：3.13 Pa·s。

（3）成本最小化：参考公式（7.10）。

（4）碳排放最小化：参考公式（7.11）。

2. 约束条件

与 7.5.1 节第 2 部分类似，最终设置了范围约束、比例约束和体积约束，详见表 7.5～表 7.7 和公式（7.12）。

3. 终止条件

经过大量计算，同时综合考虑计算效率和优化效果等因素，最终将终止条件设置为 100 次迭代。

4. 优化结果分析

对于四目标优化问题，研究目标是在实现 YS 和 PV 优化的前提下，使生产成本和碳排放最小化。图 7.14 展示了该四目标优化问题的帕累托前沿。通过 PICNN 预测模型和带精英策略的 NSGA-Ⅱ优化算法,共计算出 50 个非支配点(即 3D 打印水泥基复合材料的最佳配合比),每个点都是基于定义目标之间的权衡确定的。此外,利用 TOPSIS 决策方法确定了最优解(此时 TOPSIS 值为 1):YS = 45.68 Pa,PV = 1.24 Pa·s,Cost = 997.33 美元,CO_2 = 583.49 kg。表 7.9 列出了帕累托前沿上所选点的材料配合比和目标函数值。

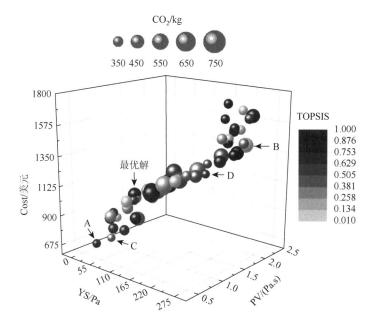

图 7.14　基于力学性能要求的四目标优化问题(YS,PV,Cost,CO_2)的帕累托前沿

(A、B、C 和 D 分别指将 YS、PV、Cost 和 CO_2 作为单一目标时的最优解)

表 7.9　基于力学性能要求的四目标优化问题的帕累托前沿上所选取点的配合比和目标函数值

参数		A	B	C	D	最优解
配合比	OPC/kg	390.00	643.35	390.00	390.00	588.98
	SAC/kg	0.00	68.85	0.00	4.66	60.06
	SF/kg	0.00	275.67	0.00	267.40	100.95
	FA/kg	0.00	0.44	0.00	0.09	0.69
	S/kg	502.11	500.08	500.10	500.13	505.00
	MAXSS/mm	1.05	1.65	1.62	1.62	1.08
	TA/kg	0.00	3.93	0.16	0.16	3.38
	ESA/kg	0.07	0.01	0.03	0.03	1.05

续表

参数		A	B	C	D	最优解
配合比	SP/kg	0.70	4.43	0.39	0.39	1.28
	W/kg	194.88	200.70	194.88	194.88	154.51
	YS/Pa	36.29	223.48	32.87	211.44	45.68
	PV/(Pa·s)	0.53	2.23	0.84	1.42	1.24
目标函数	Cost/美元	701.52	1384.93	696.46	1247.47	997.33
	CO_2/kg	364.61	642.98	364.53	352.31	583.49
	TOPSIS	0.87	0.12	0.37	0.57	1.00

7.6　3D 打印水泥基复合材料智能设计与传统设计的对比分析

7.6.1　满足可打印性要求

为了验证本书采用的智能设计方法在节约成本和减少碳排放方面的优越性，本书对智能设计与传统设计的结果进行了详细的对比分析。图 7.15 展示了两种方法的设计结果以及其平均值的量化对比。结果显示，智能设计方法明显优于传统设计方法，智能设计方法在成本和碳排放量方面分别降低了 44%和 19%。这一结果有力地证明了智能设计方法在 3D 打印水泥基复合材料设计中

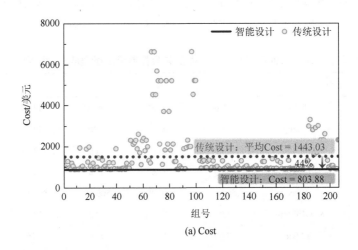

(a) Cost

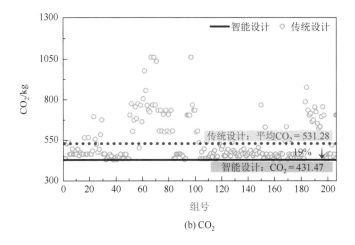

(b) CO_2

图 7.15　基于可打印性要求的智能设计与传统设计的结果对比

降低成本和碳排放的有效性。此外，从图中还可以看出，大部分传统设计数据点均匀分布在智能设计值之上，最低的传统设计值接近智能设计值。然而，极个别的传统设计值明显偏高，表明使用传统设计方法可能会导致成本和碳排放量大幅增加。尽管传统设计方法有时可以实现与智能设计结果相近的成本和碳排放量，但在不理想的情况下可能会出现重大偏差，影响设计结果的稳健性和准确性。因此，在低成本、低碳排的 3D 打印水泥基复合材料设计中采用智能 MOO 设计方法是不可或缺的。

7.6.2　满足力学性能要求

与 7.6.1 节类似，为了验证本书采用的智能设计方法在节约成本和减少碳排放方面的优越性，对智能设计与传统设计的结果进行了详细的对比分析。图 7.16 展示了两种方法的设计结果以及其平均值的量化对比。结果显示，智能设计方法相比传统设计方法显著地降低了成本和碳排放量，分别减少了 57%和 22%。这一结果有力地证明了智能设计方法在 3D 打印水泥基复合材料设计中降低成本和碳排放的有效性。此外，从图中还可以看出，大部分传统设计数据点均匀分布在智能设计值之上，许多数据点甚至明显超过了传统设计的平均值。这说明在面对复杂的设计场景时，传统设计方法很难同时实现低成本和低碳排放的最优设计。

因此，在低成本、低碳排的 3D 打印水泥基复合材料设计中采用智能 MOO 设计方法至关重要，可确保获得全局最优的解决方案。

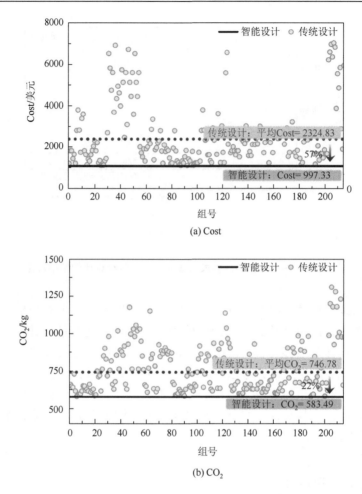

图 7.16　基于力学性能要求的智能设计与传统设计的结果对比

7.7　3D 打印水泥基复合材料设计方法实验验证

7.7.1　满足可打印性要求

1. 材料混合程序

经过一系列测试，最终确定了水泥基复合材料的搅拌流程，如图 7.17 所示。

2. 流变性能实验

研究采用美国 TA 公司 AR-1500ex 旋转流变仪对水泥基复合材料进行流变测试。首先将新拌的水泥基复合材料材料倒入量杯，然后将量杯稳固地放在旋转流

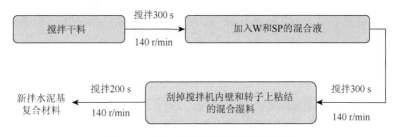

图 7.17 水泥基复合材料的搅拌流程

变仪的底座上，并插入转子。整个实验持续 210 s，包括预剪切阶段、静置阶段、剪切速率上升和下降数据采集阶段，每个阶段分别持续 60 s、30 s、60 s 和 60 s。初始阶段，最大剪切速率设定为 100 s^{-1}，旨在确保所有水泥基复合材料材料组达到相同的测试条件，从而将实验误差降至最低。在数据采集的剪切速率上升阶段，剪切速率在 60 s 内均匀从 0 提升到 100 s^{-1}；在下降阶段，剪切速率在 60 s 内均匀从 100 s^{-1} 下降到 0。值得注意的是，与上升阶段相比，下降阶段的数据曲线更加准确可靠[17]。因此，为了获得更精确的结果，研究在进行流变分析时使用了下降阶段的数据。典型的 Bingham 模型如公式（7.13）所示[18]。

$$\tau = \tau_0 + \mu\gamma, \quad \tau \geqslant \tau_0 \tag{7.13}$$

式中，τ 指剪切应力，单位为 Pa；τ_0 指动态屈服应力，单位为 Pa；μ 指塑性黏度，单位为 Pa·s；γ 指剪切速率，单位为 s^{-1}。

3. 可打印性实验

研究设计要求打印结构具有以下尺寸：长度为 400 mm，宽度与喷嘴直径相等（25 mm），高度为 165 mm。结构包括 16 个垂直堆叠的层，其中底层作为调平层，高度为 15 mm，其余各层高度为 10 mm。不同应用场景所适用的打印参数不同，需要根据表 7.3 和表 7.4 列出的最佳打印参数进行设置。打印完成后，测量实际层高和层宽，并采用公式（7.14）和公式（7.15）计算实际值与初始设置值之间的误差。

$$H_e = \frac{|H_p - H_i|}{H_p} \times 100\% \tag{7.14}$$

$$W_e = \frac{|W_p - W_i|}{W_p} \times 100\% \tag{7.15}$$

式中，H_e 和 W_e 分别指层高误差和层宽误差，单位为%；H_p 和 H_i 分别指实际打印层高和初始设置层高，单位为 mm；W_p 和 W_i 分别指实际打印层宽和初始设置层宽，单位为 mm。

4. 实验结果分析

为了验证智能 MOO 设计的有效性，进行了一系列相关实验。首先，根据 5.6.2 节的方法，采用 MOO 设计得出的最佳材料配合比（表 7.8）进行了流变实验。随后，利用实验得出的实际流变参数和 MOO 设计得出的最佳打印参数（表 7.3），按照 5.6.3 节的方法进行了可打印性实验。图 7.18 展示了可打印性实验结果，并将量化后的实验值及其与设计值之间的误差列于表 7.10。通过观察表中的数据可知，YS、PV、H_e 和 W_e 的实验值与设计值之间的误差分别为 6.13%、9.23%、4.71% 和 8.35%。这些误差均在可接受的范围内（<10%），从而证实了智能 MOO 设计的有效性。

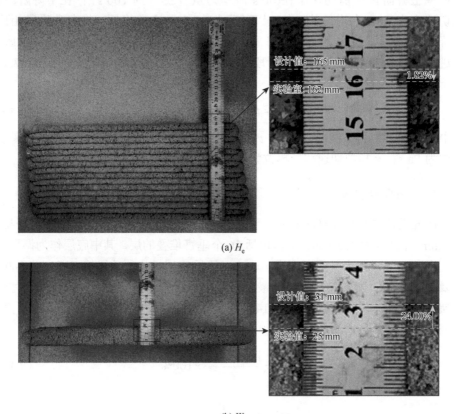

(a) H_e

(b) W_e

图 7.18　可打印性实验结果

表 7.10　设计值与可打印性实验值的对比及误差分析

参数		设计值	实验值	误差
流变性能	YS/Pa	70.97	75.32	6.13%
	PV/(Pa·s)	1.30	1.42	9.23%
可打印性	H_e/%	1.91	1.82	4.71%
	W_e/%	22.15	24.00	8.35%

注：误差以绝对形式呈现；H_e 和 W_e 的设计值是基于 YS 和 PV 的实验值以及表 7.3 中的最佳打印参数，使用 CNN 模型预测的。

7.7.2　满足力学性能要求

1. 材料混合程序

详见 7.6.1 节。

2. 力学性能实验

（1）CS 实验

CS 实验采用数字伺服控制万能实验机进行，实验机的承载能力为 2000 kN。试件标准养护完成后，按照 GB/T 50081—2019[19]的规定进行 CS 实验。在实验过程中，按照图 7.19 所示方向加载，采用位移控制加载模式，加载速度设置为 0.5 mm/min。试件尺寸为 40 mm×40 mm×40 mm，每组实验测试三个相同的试件，并取其平均值作为实验结果，以尽量减少实验误差。

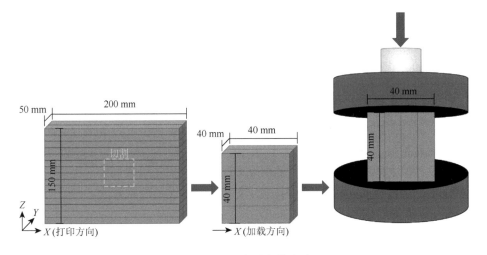

图 7.19　CS 实验加载方式

（2）IBS 实验

IBS 实验采用岛津 AGX-100 kN 精密电子万能实验机进行。实验开始前，将标准养护完成后的 15 层 3D 打印水泥基复合材料试块用切割机切割成尺寸为 30 mm×30 mm×40 mm 的试件。切割的试件选自打印试块的第 4～7 层和第 10～13 层，按照 T/CECS 786—2020[20]推荐的层间劈裂强度方法进行 IBS 实验。在实验过程中，按照图 7.20 所示方向加载，采用位移控制加载模式，加载速度设置为 0.5 mm/min。每组实验测试六个相同的试件，并取其平均值作为实验结果，以尽量减少实验误差。

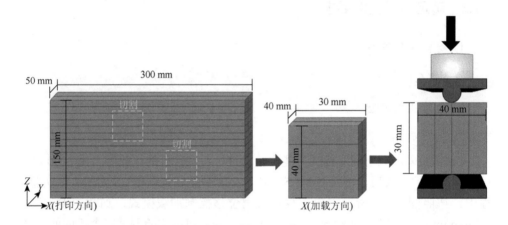

图 7.20　IBS 实验加载方式

3. 实验结果分析

与 7.7.1 节第 4 部分类似，为了验证智能 MOO 设计的有效性，进行了一系列相关实验。首先，根据 7.7.1 节第 2 部分的方法，采用 MOO 设计得出的最佳材料配合比（表 7.9）进行了流变实验。随后，利用实验得出的实际流变参数和 MOO 设计得出的最佳打印参数（表 7.4），按照 7.7.1 节第 2 部分的方法进行了 CS 和 IBS 实验。图 7.21 展示了力学性能实验结果，并将量化后的实验值及其与设计值之间的误差列于表 7.11。通过观察表中的数据可知，YS、PV、CS 和 IBS 的实验值与设计值之间的误差分别为 3.46%、5.65%、9.83%和 4.56%。这些误差均在可接受的范围内（＜10%），从而证实了智能 MOO 设计的有效性。

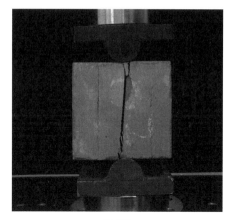

(a) CS   (b) IBS

图 7.21 力学性能实验结果

表 7.11 设计值与流变性能、力学性能实验值的对比及误差分析

参数		设计值	实验值	误差
流变性能	YS/Pa	45.68	47.26	3.46%
	PV/(Pa·s)	1.24	1.31	5.65%
力学性能	CS/MPa	67.23	60.62	9.83%
	IBS/MPa	3.95	4.13	4.56%

注：误差以绝对形式呈现；CS 和 IBS 的设计值是基于 YS 和 PV 的实验值以及表 7.4 中的最佳打印参数，使用 CNN 模型预测的。

7.8 本 章 小 结

本章首先介绍了满足良好可打印性/力学性能的最佳材料流变性能和打印参数的双目标优化设计过程，以及最佳材料配合比的四目标优化设计过程。随后，探讨了智能设计与传统设计在生产成本和碳排放方面的差异。最后，通过流变性能、可打印性和力学性能实验，对比分析了实验值与设计值，验证了在需要良好可打印性/力学性能的应用场景中，3D 打印水泥基复合材料 MOO 设计的有效性和必要性。主要结论如下。

（1）在可打印性预测方面，H_e 和 W_e 预测模型（CNN）均具有较高的鲁棒性和可靠性。在训练集和测试集上，H_e 预测模型的 R^2 均为 0.96，RMSE 分别为 1.21% 和 1.37%，W_e 预测模型的 R^2 分别为 0.99 和 0.98，RMSE 分别为 1.96% 和 2.15%；在力学性能预测方面，CS 和 IBS 预测模型（CNN）均具有较高的鲁棒性和可靠性。在训练集和测试集上，CS 预测模型的 R^2 分别为 0.99 和 0.96，RMSE 分别为 2.56 MPa 和 3.86 MPa，IBS 预测模型的 R^2 分别为 0.99 和 0.96，RMSE 分别为 0.24 MPa 和

0.35 MPa；SHAP 分析的结果显示，对 H_e 预测模型的输出结果贡献最大的前三个参数分别为 PV、YS 和 PN，对 W_e 预测模型的输出结果贡献最大的前三个参数分别为 ES、PS 和 YS，对 CS 预测模型的输出结果贡献最大的前三个参数依次为 ES、PS 和 YS，对 IBS 预测模型的输出结果贡献最大的前三个参数依次为 PS、PN 和 ES。

（2）建立了融合物理知识的 3D 打印水泥基复合材料性能高精度智能化预测模型，为下一步实现多场景需求下的材料和工艺参数智能优化设计奠定了坚实基础。

（3）在应用场景一中（满足可打印性要求），针对双目标优化问题，研究目标是实现 H_e 和 W_e 的优化。通过 CNN 预测模型和带精英策略的 NSGA-II 优化算法，共计算出 19 个非支配点（即 3D 打印水泥基复合材料的最佳流变性能和打印参数），每个点都是基于定义目标之间的权衡确定的。此外，利用 TOPSIS 决策方法确定了最优解（此时 TOPSIS 值为 1）：YS = 81.40 Pa，PV = 1.83 Pa·s，PN = 25 mm，ES = 1090 r/min，PS = 55 mm/s，H_e = 1.99%，W_e = 25.87%；在应用场景二中（满足力学性能要求），针对双目标优化问题，研究目标是实现 CS 和 IBS 的优化。通过 CNN 预测模型和带精英策略的 NSGA-II 优化算法，共计算出 17 个非支配点（即 3D 打印水泥基复合材料的最佳流变性能和打印参数），每个点都是基于定义目标之间的权衡确定的。此外，利用 TOPSIS 决策方法确定了最优解（此时 TOPSIS 值为 1）：YS = 39.82 Pa，PV = 3.13 Pa·s，PN = 25 mm，ES = 1207 r/min，PS = 59 mm/s，CS = 62.04 MPa，IBS = 3.01 MPa。

（4）在应用场景一中（满足可打印性要求），针对四目标优化问题，研究目标是在实现 YS 和 PV 优化的前提下，使生产成本和碳排放最小化。通过 PICNN 预测模型和带精英策略的 NSGA-II 优化算法，共计算出 50 个非支配点（即 3D 打印水泥基复合材料的最佳配合比），每个点都是基于定义目标之间的权衡确定的。此外，利用 TOPSIS 决策方法确定了最优解（此时 TOPSIS 值为 1）：OPC = 406.51 kg，SAC = 96.69 kg，SF = 2.36 kg，FA = 0.00 kg，S = 516.39 kg，MAXSS = 1.04 mm，TA = 0.32 kg，ESA = 0.24 kg，SP = 4.09 kg，W = 143.26 kg，YS = 70.97 Pa，PV = 1.30 Pa·s，Cost = 803.88 美元，CO_2 = 431.47 kg。在应用场景二中（满足力学性能要求），针对四目标优化问题，研究目标是在实现 YS 和 PV 优化的前提下，使生产成本和碳排放最小化。通过 PICNN 预测模型和带精英策略的 NSGA-II 优化算法，共计算出 50 个非支配点（即 3D 打印水泥基复合材料的最佳配合比），每个点都是基于定义目标之间的权衡确定的。此外，利用 TOPSIS 决策方法确定了最优解（此时 TOPSIS 值为 1）：OPC = 588.98 kg，SAC = 60.06 kg，SF = 100.95 kg，FA = 0.69 kg，S = 505.00 kg，MAXSS = 1.08 mm，TA = 3.38 kg，ESA = 1.05 kg，SP = 1.28 kg，W = 154.51 kg，YS = 45.68 Pa，PV = 1.24 Pa·s，Cost = 997.33 美元，CO_2 = 583.49 kg。

（5）在应用场景一中（满足可打印性要求），对比分析结果显示，智能设计方法在需要良好可打印性的应用场景中明显优于传统设计方法，成本和碳排放量分别降低了 44% 和 19%。在应用场景二中（满足力学性能要求），对比分析结果显示，智能设计方法在需要良好力学性能的应用场景中明显优于传统设计方法，成本和碳排放量分别降低了 57% 和 22%。

（6）在应用场景一中（满足可打印性要求），流变性能和可打印性实验结果显示，YS、PV、H_e 和 W_e 的实验值与设计值之间的误差分别为 6.13%、9.23%、4.71% 和 8.35%。这些误差均在可接受的范围内（<10%），证实了智能 MOO 设计的有效性。在应用场景二中（满足力学性能要求），流变性能和力学性能实验结果显示，YS、PV、CS 和 IBS 的实验值与设计值之间的误差分别为 3.46%、5.65%、9.83% 和 4.56%。这些误差均在可接受的范围内（<10%），证实了智能 MOO 设计的有效性。

参 考 文 献

[1]　Deb K. Multi-objective optimisation using evolutionary algorithms：An introduction[M]//Multi-objective evolutionary optimisation for product design and manufacturing. London：Springer London，2011：3-34.

[2]　Golafshani E M，Behnood A. Estimating the optimal mix design of silica fume concrete using biogeography-based programming[J]. Cement and Concrete Composites，2019，96：95-105.

[3]　Gunantara N. A review of multi-objective optimization：Methods and its applications[J]. Cogent Engineering，2018，5（1）：1502242.

[4]　Deb K，Pratap A，Agarwal S，et al. A fast and elitist multiobjective genetic algorithm：NSGA-Ⅱ[J]. IEEE Transactions on Evolutionary Computation，2002，6（2）：182-197.

[5]　Vavrek R. Evaluation of the impact of selected weighting methods on the results of the TOPSIS technique[J]. International Journal of Information Technology & Decision Making，2019，18（06）：1821-1843.

[6]　Corrente S，Tasiou M. A robust TOPSIS method for decision making problems with hierarchical and non-monotonic criteria[J]. Expert Systems with Applications，2023，214：119045.

[7]　Tay Y W D，Qian Y，Tan M J. Printability region for 3D concrete printing using slump and slump flow test[J]. Composites Part B：Engineering，2019，174：106968.

[8]　Chen Y，Figueiredo S C，Li Z，et al. Improving printability of limestone-calcined clay-based cementitious materials by using viscosity-modifying admixture[J]. Cement and Concrete Research，2020，132：106040.

[9]　Cui H Z，Yu S H，Cao X P，et al. Evaluation of printability and thermal properties of 3D printed concrete mixed with phase change materials[J]. Energies，2022，15（6）：1978.

[10]　De Schutter G，Feys D. Pumping of fresh concrete：insights and challenges[J]. RILEM Technical Letters，2016，1：76-80.

[11]　Ketel S，Falzone G，Wang B，et al. A printability index for linking slurry rheology to the geometrical attributes of 3D-printed components[J]. Cement and Concrete Composites，2019，101：32-43.

[12]　Sanjayan J G，Nematollahi B，Xia M，et al. Effect of surface moisture on inter-layer strength of 3D printed concrete[J]. Construction and Building Materials，2018，172：468-475.

[13]　Dai X D，Tao Y X，Van Tittelboom K，et al. Rheological and mechanical properties of 3D printable alkali-activated slag mixtures with addition of nano clay[J]. Cement and Concrete Composites，2023，139：104995.

[14]　Liu C，Xiong Y L，Chen Y N，et al. Effect of sulphoaluminate cement on fresh and hardened properties of 3D

printing foamed concrete[J]. Composites Part B：Engineering，2022，232：109619.

[15] Zheng W，Shui Z H，Xu Z Z，et al. Multi-objective optimization of concrete mix design based on machine learning[J]. Journal of Building Engineering，2023，76：107396.

[16] Zhang J F，Huang Y M，Wang Y H，et al. Multi-objective optimization of concrete mixture proportions using machine learning and metaheuristic algorithms[J]. Construction and Building Materials，2020，253：119208.

[17] Vikan H，Justnes H. Rheology of cementitious paste with silica fume or limestone[J]. Cement and Concrete Research，2007，37（11）：1512-1517.

[18] Tichy J A. Hydrodynamic lubrication theory for the Bingham plastic flow model[J]. Journal of Rheology，1991，35（4）：477-496.

[19] 中华人民共和国住房和城乡建设部. 混凝土物理力学性能试验方法标准：GB/T 50081—2019 [S]. 北京：中国建筑工业出版社，2019.

[20] 中国工程建设标准化协会. 混凝土 3D 打印技术规程：T/CECS 786-2020 [S]. 北京：中国计划出版社，2020.